王鹰豪 方然 姜旭扬 著

# 魔方原来可以这样玩 Rubik's Cube

## ——最强大脑王鹰豪教你玩魔方

长江出版传媒 湖北科学技术出版社

# 序言
# 小小的梦想

小小的魔方，既是他快乐的源泉，也是他不断挑战极限的动力。在《挑战不可能》第三季中，他以一敌五，成功战胜五位魔方世界冠军。总决赛的现场上，他在速拧和盲拧双重规则的限制下，迎接“世界魔方全能王”杰登·麦克尼尔的挑战。8款类型，24个魔方，让我们见识到了中国第一的真正实力，他就是中国魔方全能王——王鹰豪。

王鹰豪，《最强大脑》第三季中国战队队长，《最强大脑》第四季名人堂成员，央视《挑战不可能》魔方挑战王，二阶速拧亚洲纪录创造者，获得99枚金牌，16次打破中国纪录和亚洲纪录，连续4年全项目综合排名中国第一。

究竟是什么，让这位90后被封为“中国魔方全能王”？

“记得在2009年4月，当时我看到坐在前面的同学在玩魔方，出于好奇我也买了一个……”

从此王鹰豪开始了自己与魔方的不解之缘：

10年，

3650多个日夜，

每天至少练习2小时，

坚持每日打乱复原魔方300次以上，

1000000次无人问津的刻苦训练，

只为将成绩提高0.01秒！

王鹰豪用他的成绩，向我们展现了冠军的风采，更向我们诠释了

不断突破自我、坚持不懈的精神，小小的魔方承载着他的梦想：

“我想将第一次通过魔方获得的喜悦传递下去，想将我的技巧普及给更多人，这就是我小小的梦想。我想给中国热爱魔方的魔友们，送上一个快乐有益的礼物。因此，我和央视脑力节目顾问、脑力记忆思维专家方然老师一起，创立了上海魔奥教育科技。”

“有人问我，未来的10年，最希望被人记住什么，是最强大脑还是魔方冠军？我想都不是。我期待未来的10年，通过我们的努力，让更多的青少年爱上魔方，让中国的魔方竞技选手获得更多冠军，让我们的国旗在世界赛场上飘扬。”

追梦少年，愿你坚定果敢，初心不变。愿你永远一如初见，星星般耀眼。笑出强大，转出伟大，志在天下！

王鹰嘉

2019年12月

# 目录

CO

## 第一章 魔方简史



## 第二章 我与魔方的故事

NTENTS

## 第三章 魔方有术



## 第四章 魔方冠军是怎样炼成的?



## 后记

# 第一章
# 魔方简史

魔方是大自然的一部分，我是发现了魔方而不是发明了魔方。

与其他艺术品一样，魔方的意义远大于其自身。尽管她看上去如此简单，实际上却是那么的千变万化。

生活本身就是解谜。

—— 厄尔诺·鲁比克

- 源起 璀璨的魔方之光
- 秘密 魔方界的奇闻录
- 多维 魔方的不可思议
- 新颖 魔方的大千世界
- 创意 魔方的多样玩法
- 纪录 魔方的竞技比
- 认知 为什么学习魔方

# 缘起 璀璨的魔方之光

## 魔方起源

这是一个跨越时光的故事，一切都要从1974年的布达佩斯讲起。

这里是匈牙利的著名古城，美丽的多瑙河从阿尔卑斯山脉缓缓流下，偏冷的气候与神秘的黑森林童话孕育出现代艺术的奇妙灵感。对于数学家来说，这是一个远离尘世喧嚣，可以安心研究的好地方。

此时，厄尔诺 · 鲁比克教授正在研究一个奇妙的模型。

4年之前，在多瑙河的源头德国，科学家麦菲特在研究金字塔能量模型的时候，意外地发明出金字塔魔方。

而现在，鲁比克教授并不会想到，在科学艺术史上，神奇的多瑙河会将他与麦菲特的命运连在一起，使他成为当地的骄傲传奇。此时此刻，他的心思只是完完全全地倾注在那套模型上……

简直就是奇迹的诞生！光彩夺目，色彩缤纷，仿佛是上帝之手创造的唯美画作。这个灵感源于多瑙河沙砾的神秘立方，看起来非常美妙，可是为什么复原不了呢？

他叹了一口气，又笑了，站在原地尝试了一会儿，一次、两次、三次……鲁比克发现这个模型非常的有意思。

鲁比克，发明家、雕刻家和建筑学教授，1974年发明了益智玩具——魔方，被誉为“魔方之父”，并因此进入科学艺术史的名人堂。

当时，他并没有真正意识到魔方蕴含的广阔前景。他是纯粹的数学教授，将学术研究作为人生最大的价值，只是鲁比克没有想到，他发明的魔方在冥冥之中改变了许多事情。1974年之后，一场关于魔方的脑力革命已经在不知不觉之中展开，随之而来的创新发展，将更多的惊喜展现给世人！

## 魔方简史

给岁月以文明，给时光以生命。魔方

诞生至今已经超过40年，但她的历史仍不为大众所知。那么，就让我们回到那个辉煌的时代，回顾那场史诗般壮丽的魔方狂潮!

1974年的春天，匈牙利布达佩斯的应用工艺美术学院，厄尔诺·鲁比克教授正在给学生上三维设计课。为了学生可以更加深刻地理解立方体的空间结构和位置关系，鲁比克用了6周时间，设计出了这个立方体的基本结构。他用弹簧和螺丝将26个小立方体巧妙地连接起来，使每一层的立方体都可以一起转动，并在6个面涂上了明亮的颜色，制成了世界上第一个木制削角魔方。

随意转动之后，如何让这个颜色混乱的魔方完全复原，成了鲁比克的唯一目标。这是一个极为复杂的谜题，甚至连发明者鲁比克本人都难以解开。直到1个月后，凭借天才大脑的高速运转，鲁比克才终于找到了复原的方法。

3年后，1977年12月31日，魔方在匈牙利取得了专利。魔方的设计是如此富于革命性，几乎所有第一次见到魔方的人都会被吸引并发出感叹。可在最初，魔方并不被看好，谁会愿意买一个极其复杂的玩具来获得挫败感呢?

魔方的风行，始于数学界。

1978年，在赫尔辛基的国际数学大会上，魔方受到了数学家们的广泛关注。世界顶级群论专家约翰·康威和几位知名的数学家，都带了魔方参会，当时约翰·康威可以在4分钟内复原魔方。这个充分体现了空间转换的神奇玩具，瞬间抓住数学家们的好奇心，他们探索魔方的热情被激发出来，会场上的魔方原型很快被抢购一空。仅仅在几天之后，许多的数学杂志，都登载了与魔方相关的数学理论文章。

数学家们对于魔方的狂热，很快使魔方的神秘面纱被揭开，魔方公式开始被创造出来。1979年2月，大卫·辛格马斯首次出版了《魔法方块手册》。书中讲解了魔方的解法，并介绍了与魔方有关的整套符号，这套方法成了国际通用的符号，为魔方玩家交流解法提供了标准的描述基

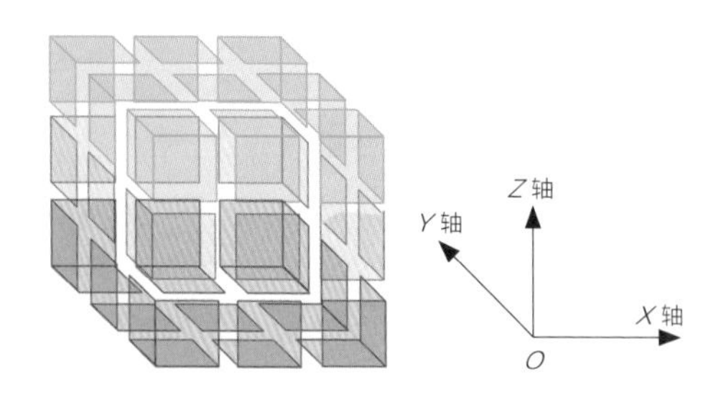

础。数学家们的研究，为魔方的流行打下了必要的基础，至少人们发现，魔方是可解的。

1979年9月，美国理想工业公司（IDEAL）开始销售魔方，魔方浪潮很快席卷全球。由于许多得到魔方的人，都会全身心地投入，废寝忘食地研究，人们担心魔方会对人施展某种魔法——“Magic”这个单词有“黑魔法”的含义，尤其在欧洲的天主教国家，会引发不好的联想。为了避免此类谣言的影响，正式推广魔方之前，人们决定重新为魔方命名。一度，人们想过用“戈尔迪乌姆之结”来为其命名，以体现魔方的难度。

在小亚细亚北部城市戈尔迪乌姆卫城的宙斯神庙中，有一辆战车，它的车轭和车辕之间有一个绳扣。神谕说，谁能解开这个绳扣，谁就能成为小亚细亚的国王。几个世纪过去了，一直无人可解，最终，戈尔迪乌姆之结被亚历山大大帝挥剑砍断。由于戈尔迪乌姆之结最终没有被解开，而是被暴力破坏了，因此这个名字没有被采用。

1980年5月，魔方全球发售时，被正式命名为“鲁比克方块”（Rubik’s Cube）。简单直接，朗朗上口，鲁比克的名字也因此广为人知。魔方零售价格为7英镑，没有人能想到这个价格不菲的小玩具，从刚上市就开始风靡全球，在3年之内，全世界售出超过1亿个。

这样一种将数学的美丽带入现实生活的产品，强烈地激发着人们的好奇心，人们将更多的时间放在理解魔方上：魔方到底要怎么复原？为什么会有如此多的变化？为什么魔方解谜具有如此的魅力？以至于魔方界有传言：如果谁不为魔方而感到困惑，那他就是没有真正理解魔方。

魔方真正的魅力，正如魔方发明者鲁比克的那句名言：生活本身就是解谜。魔方自发明至今已经40多年，成为史上最具吸引力的益智产品，并与中国的华容道、法国的独立钻石同时被誉为益智游戏界的“三大不可思议”。

# 秘密 魔方界的奇闻录

## 妙趣横生

美国曾有一场橄榄球赛因为一名球员未到场而推迟开场，最终当队友们在更衣室内找到他时，这位球员仍在研究魔方。

一位少女在等火车时玩魔方，两个旅客看得非常入迷，直到发现上错了车。

在冷战期间的一幅漫画中，军人列队目视降落伞下的巨型“俄罗斯魔方”从天而降。据说，这种魔方能在几分钟内彻底瓦解敌人的意志。

20世纪80年代，从时装、建筑、影视、艺术甚至到演讲中，都受到了魔方元素的影响，这段时期的艺术被称为“鲁比克主义”。

苹果创始人史蒂夫·乔布斯和他的小伙伴们做了一个时间舱，约定将最值得纪念的发明创造埋藏，20年后再打开，乔布斯将魔方放了进去。

谷歌的创始人拉里·佩奇在魔方发明40周年时候，做了一个魔方游戏放到谷歌首页。如果你复原了魔方，会在首页的两边出现拉里·佩奇和鲁比克的签名。

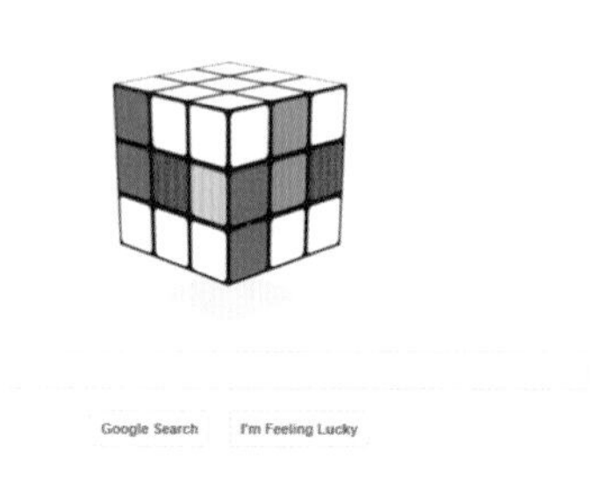


## 奇思妙想

《机器人瓦力》、《当幸福来敲门》、《变形金刚》、《复仇者联盟3》、《神偷奶爸3》、《头号玩家》和《蜘蛛侠：平行宇宙》等电影中均出现了魔方。

经典游戏《俄罗斯方块》、艺术游戏《我的世界》、解谜游戏《纪念碑谷》、策略游戏《欧几里得之地》等的灵感均来源于魔方。

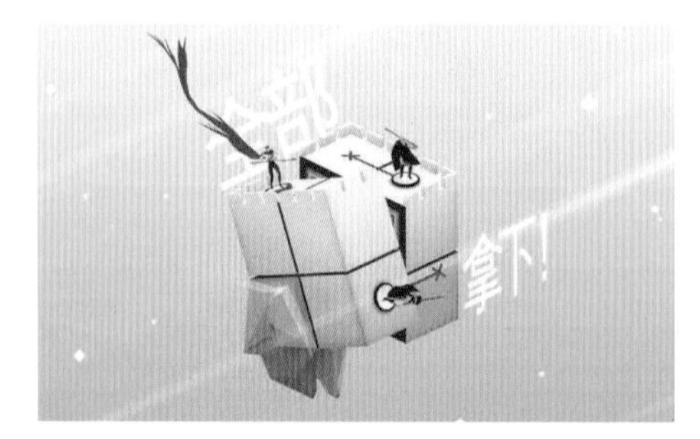

# 多维 魔方的不可思议

## 不可思议的变化

三阶魔方纵横均分为三层，每层都可以自由转动，各部分之间存在着制约关系，能通过层的转动改变小方块在立方体上的位置。别看三阶魔方只有三层，变化还真是不少，总变化数公式为：

$$(8! \times 3^{8} \times 12! \times 2^{12}) / (3 \times 2 \times 2) = 43,252,003,274,489,856,000$$

所有可能性大约等于$4.3 \times 10^{19}$，也就是4300亿亿次。如果你1秒可以转3下魔方，不计重复，你也需要4500多亿年才可以转出魔方所有的变化。而我们宇宙的年龄大约为138亿年，这个数字是目前估算宇宙年龄的33倍。如果我们将所有这些魔方紧密排在一起，总长度可以达到240光年。真的难以想象魔方居然可以变换出这么多的可能性。

别看数字很大，其实魔方不难，通过最简单高效的方法和公式轻松学习，就能玩转魔方！

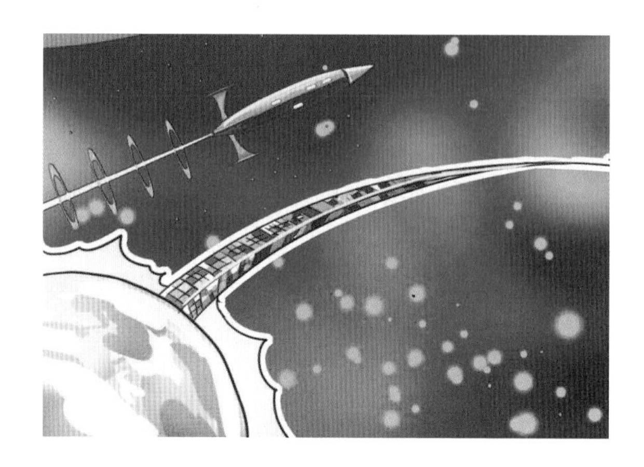

## 神秘的上帝之数

魔方不只好玩，也用到了很多数学中的群论、线性代数以及概率知识。魔方发展至今已有不少研究了，其中最大的课题就是：任意的三阶魔方，最少几步可以复原？那么怎么转魔方算“一步”呢？事实上，只要转动一个面就算一步，无论旋转多少度。

1982年，大卫·辛格马斯特称这个答案为“上帝之数”，并证明这个数字介于17~52，即任意打乱的情况，都可以在52步内完成，而一些情况保证至少要17步才能完成。

1995年，美国玩家瑞德证明了某些情况至少需要20步才能完成。同时，他也证明了可以在29步内完成所有的方块复原，一口气将“上帝之数”范围缩小到20~29。

2007年，古柏曼与库柯尔设计了一个平行算法，用20台超级计算机花了8000小时，证明26步内可以完成。

2008年，罗区奇在“魔方领域”论坛中推断魔方复原23步即可完成，震惊了整个魔方界。

同年，柯西姆巴设计了一个魔方程序，可以近似找出最佳解。他用随机数生成了约1012种情况，解开之后做了统计，约28%的情况可以在17步内完成、69%的情况可以在18步内完成、93%的情况可以在19步内完成，并没有超出20步的情况。

2010年8月，由托马斯·罗辑及一些数学家与谷歌公司的软件工程师，通过谷歌提供的强大处理器资源，历时35年不停歇地计算，最终确定了“上帝之数”为20。

# 新颖 魔方的大千世界

## 正阶魔方

二阶

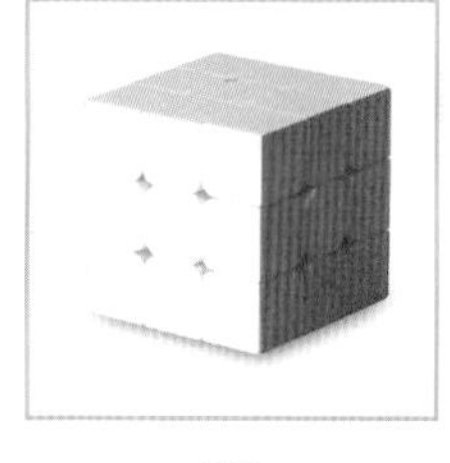
三阶

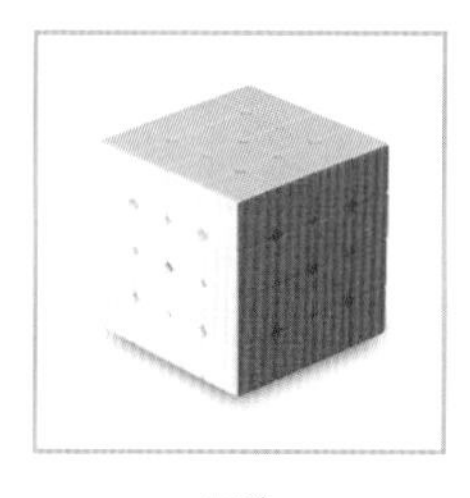
四阶

五阶

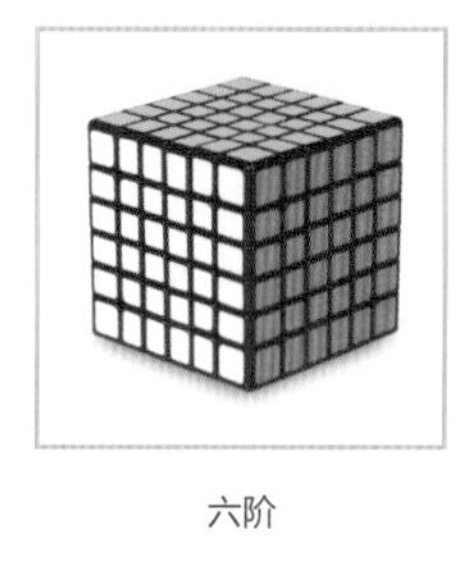
六阶

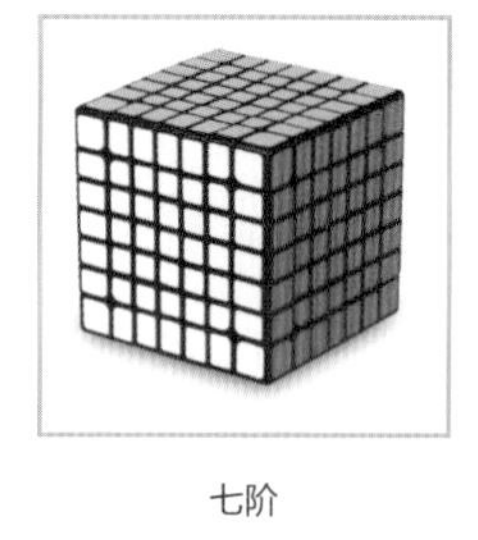
七阶

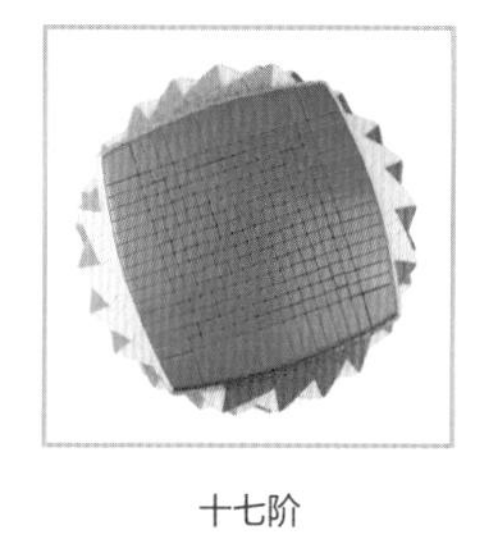
十七阶

## 异形魔方

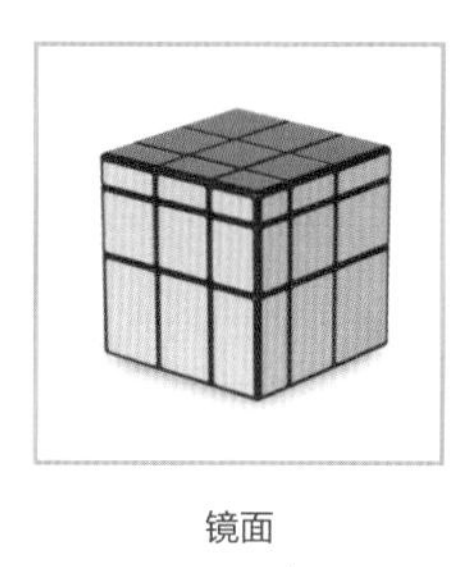
镜面

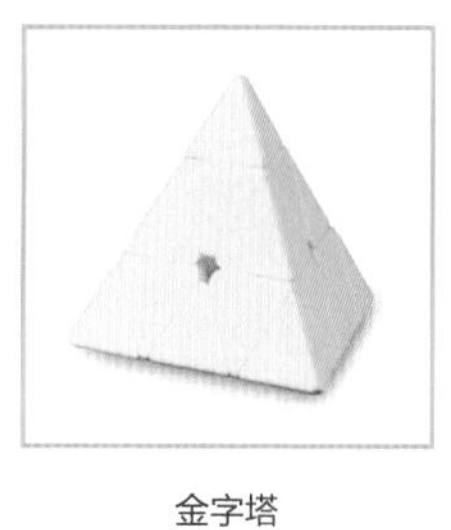
金字塔

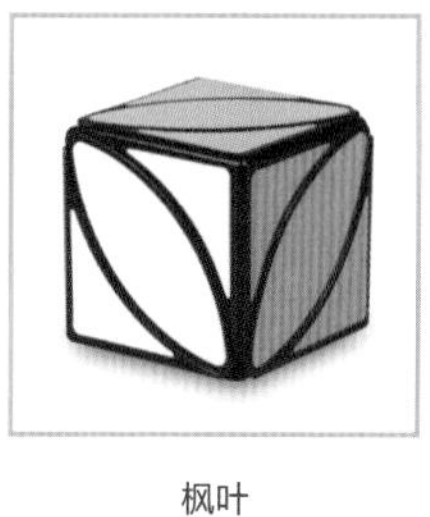
枫叶

斜转

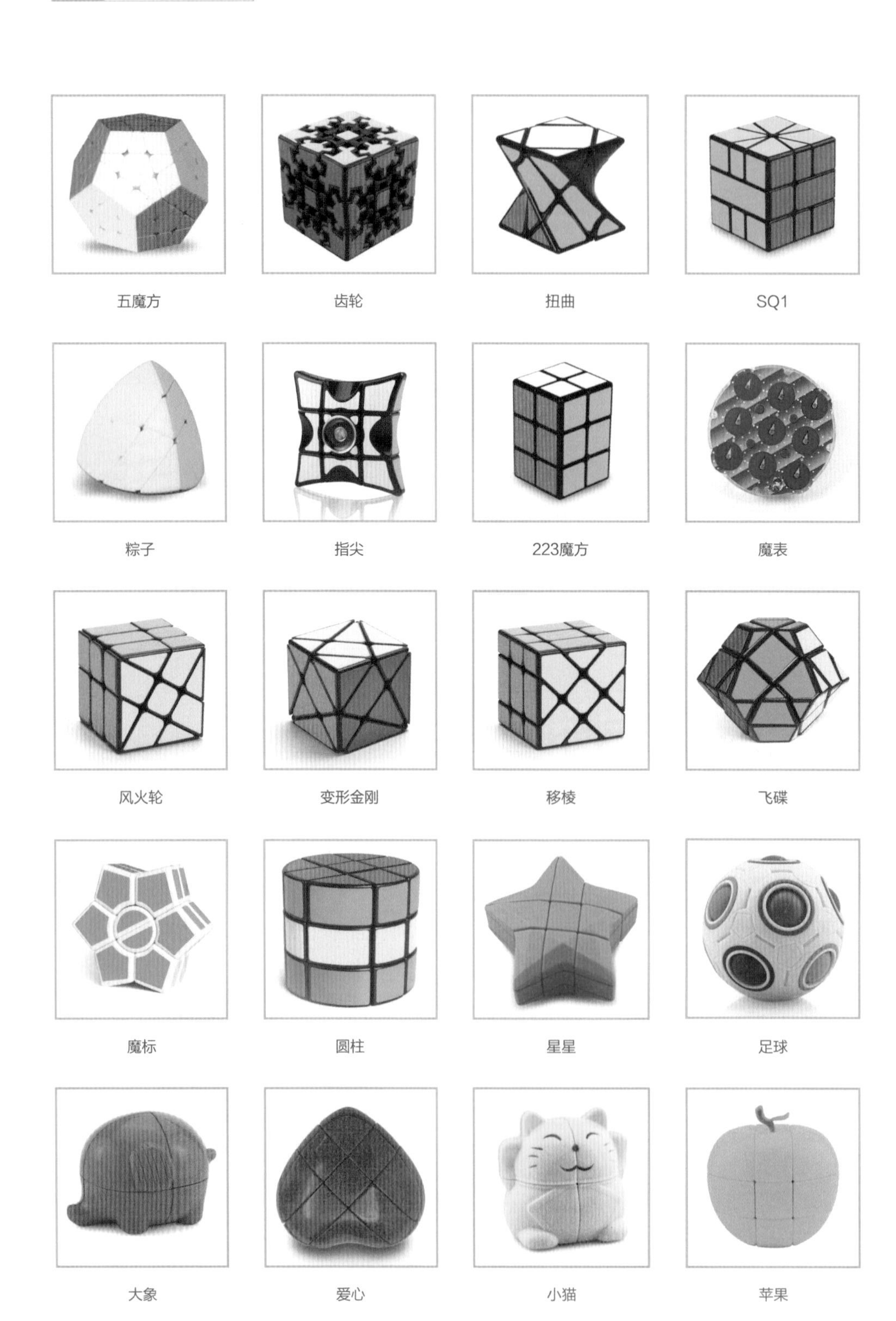

五魔方　齿轮　扭曲　SQ1

粽子　指尖　223魔方　魔表

风火轮　变形金刚　移棱　飞碟

魔标　圆柱　星星　足球

大象　爱心　小猫　苹果

## 最大的魔方

目前全球最大魔方的纪录是高3.5米、重2.1吨，该魔方可通过前面的小魔方控制其转动。当这个全球最大的魔方转动起来的时候，场景会令人感到无比震撼。

## 最小的魔方

仔细观察这个显微镜下的微米级魔方，如果不通过放大聚焦，很容易忽视这个世界上最小的微米魔方。

## 最贵的魔方

22克拉紫水晶、34克拉红宝石、34克拉祖母绿，镶嵌于18K 的黄金之中。这就是世界最贵的王冠魔方，价值200万美元。

## 最早的二阶魔方

历史上最早的二阶魔方，由小木块、回形针和橡胶带制成。从现代艺术的角度分析，这个魔方非常具有古典艺术的美感。

## 最好吃的魔方

生日蛋糕魔方，是魔友最期待的生日礼物，多种口味的小蛋糕随机组合在一起，看起来特别美味。

## 最高阶的魔方

33阶魔方是世界上最高阶的魔方，总共由6153个连接在一起的构件组成。可通过3D打印技术制造，售价达到15200欧元。

## 最简单的魔方

无限魔方，是平静安宁、自得其乐的最好伴侣，不像比赛魔方那样有章法可言，但是一玩就根本停不下来。

## 最浪漫的魔方

情诗魔方，表面雕刻英文花体字，每转动一下，字母都可以拼成一句情诗。导入墨汁即可印在纸上，可以送给喜欢的人表达爱意。

## 魔方的最快复原速度

两位硬件大师本·卡茨和贾里德迪卡洛打破了此前用机器复原魔方的纪录，他们的机器装置在0.38秒内复原了魔方，比之前的0.63秒提高了40%。

此装置由6个电机、6个驱动器、2个摄像头和1个定制魔方组成。同时，他们对电机进行了升级，使魔方旋转90°仅需10毫秒，这是他们打破纪录的关键突破。

该装置使用全新的最少步复原解法，再加上摄像头捕捉和处理魔方颜色的时间，以及每个步骤的复原时间，总时间是0.38秒。研发团队仍有信心使之更快，继续创造新的纪录。

# 创意 魔方的多样玩法

## 普通玩法

玩魔方放松娱乐，英国人格雷厄姆自己探索，花费了26年复原一个魔方。

## 竞速玩法

当魔方爱好者们已经能熟练复原魔方的时候，就开始追求更快的速度。

## 单手复原

单手转动魔方进行复原，对手指的灵活程度要求很高。没有另外一只手的帮助，魔方在高速转动的过程中很难保持平衡。

## 魔方拼图

很多人钟情于运用魔方创造美丽的图案，事实上拼图也是比较有难度的，因为要设计好魔方每一块的位置并不简单。

## 脚拧

虽然听起来不可思议，但是比赛时确实是用脚复原魔方。选手们不仅头脑和脚趾要灵活，而且还要动用腹部和腿部的肌肉，因此非常耗费体力。

## 盲拧

盲拧是不用眼睛看，仅通过记忆进行魔方复原。计时是从第一眼看到魔方开始的，因此记忆魔方时间也算在内，盲拧对选手的记忆力和空间想象力都是极大的考验。

## 最少步复原

这是最为艰难的玩法，最少步复原的比赛会提供题目与纸笔，不可使用其他计算工具，选手在此期间可以转动魔方，通过思考计算出最少的步骤。

## 魔方魔术

将魔方与魔术完美结合，不到1秒的瞬间复原、神秘莫测的魔方变色、多彩魔方的凭空消失，这是最为震撼的全新视觉体验。

## 顶级玩法（非专业人士，请勿模仿）

仔细观察了3个魔方的初始状态，在抛空3个魔方的同时复原魔方。

单手做俯卧撑时另一只手玩魔方，体力和脑力都能得到锻炼。

蒙住双眼并在单手转盘子的时候玩魔方，平衡 + 单手 + 盲拧的完美展现。

# 纪录 魔方的竞技比赛

## 世界魔方协会

世界魔方协会（World Cube Association，WCA），致力于举办全球的魔方赛事，通过世界魔方协会比赛认证的成绩可以直接载入世界纪录。

世界魔方协会是魔方速拧运动的官方管理结构，依照公平规则，执行公正管理，旨在世界范围内举办更多公开的赛事，从而让更多的人享受到魔方速拧的快乐，并号召大家在比赛中友好互助，发挥运动家精神。

## 魔方比赛简史

1982年5月，第一届世界魔方锦标赛在魔方发源地匈牙利正式举行，由美国理想工业公司组织发起，来自19个国家的19名选手参加了比赛。那场比赛只有1个三阶速拧项目，使用的是标准配色、被数学家们设计打乱的魔方。获胜者是美国的赛伊，复原用时22.95秒。

出乎意料的是，第二届比赛举办时已经是20年后了。2003年在加拿大的多伦多举办了第二届世界魔方锦标赛，沉寂多年的魔方赛事终于迎来复苏。而在今天，多种多样的魔方赛事在世界各地进行，每一年举办一次中国魔方锦标赛，每两年举办一次世界魔方锦标赛。

关于魔方比赛，我们可能会有疑问，会不会有的选手运气特别好，拿到的魔方只要转几步就完成了；而运气不好的选手，拿到的魔方就比较乱呢？既然是世界级的赛事，当然会尽量减少运气的成分。正式比赛时，会用计算机随机生成一个20步的打乱公式，然后会有专业的打乱员，将大家的魔方打乱成同样的，最后会设定“单次最好成绩”和“平均成绩”两种项目成绩。

有的人喜欢追求速度，有的人致力于公式的开发整理，有的人偏爱学术上的研究，有的人则更喜欢尝试不同款式的魔方。无论你喜爱魔方哪一个领域，或只是喜欢转一转，都希望你可以与魔友们一起参加比赛、交流学习。

## 魔方比赛规则

以三阶魔方为例，首先每一个选手要准备一个完全复原的三阶魔方，并将其交给打乱员，打乱员会按照电脑随机生成的20步打乱公式来打乱这个魔方，确保在这一轮比赛中，每位选手所用魔方的打乱结果是一模一样的。

之后会用遮罩将魔方完全盖住，当裁判打开遮罩的时候，选手开始对魔方进行观察。观察必须要在15秒之内完成，如果超时就会受到惩罚，若未在17秒内完成，复原就会被视为无效。

观察完毕后，将双手压在魔方计时器上，松开手的一瞬间就开始计时，复原之后双手同时拍计时器，计时结束。

## 魔方比赛项目

世界魔方协会共设定了17个标准魔方比赛项目。

**正阶速拧（6）**

二阶速拧、三阶速拧、四阶速拧、五阶速拧、六阶速拧、七阶速拧。

**异形速拧（5）**

金字塔魔方速拧、斜转魔方速拧、五魔方速拧、SQ1魔方速拧、魔表速拧。

**盲拧项目（4）**

三阶魔方盲拧、四阶魔方盲拧、五阶魔方盲拧、多个三阶魔方盲拧。

**拓展项目（2）**

三阶魔方单拧、三阶魔方最少步复原。

## 魔方比赛术语

**N 阶：**魔方每个边所具有的块数，例如三阶魔方为3×3×3的立方体。

**WCA：**World Cube Association，世界魔方协会的英文简称。

**LBL：**Layer By Layer，7步层先法，是复原魔方的一种基础方法。

**CFOP：**Cross-F2l-Oll-Pll，4步高级玩法，是复原魔方的一种竞速方法。

**TPS：**Turns Per Second，每秒转动魔方的次数。

**POP：**Pop Up，转动魔方有棱块飞出来，魔方散架。

**DNF：**Did Not Finish，未还原，选手此次魔方还原未成功。

**PB：**Personal Best，个人单次最好成绩。

**AVG：**Average，个人平均比赛成绩。

**SUB：**Subtraction，魔方复原速度少于多少秒。例如SUB20就是复原用时20秒以下。

**WR/CR/NR：**WR=World Record，世界纪录。CR=Continental Record，洲际纪录。NR=National Record，国家纪录。

## 魔方世界纪录

魔方世界纪录分为“单次纪录”和“平均纪录”，通过世界魔方协会比赛认证的成绩可以直接载入世界纪录。

“单次纪录”是在魔方比赛中最快成绩创造的纪录。

“平均纪录”是在魔方比赛中有5次复原机会，5次复原中去掉最好和最坏的成绩，剩下3次成绩计算平均值所得成绩创造的纪录。

| 世界纪录 | 单次 | 平均 | 姓名 | 国家 |
|---|---|---|---|---|
| 二阶 | 0.49 | | Maciej Czapiewski | 波兰 |
| | | 1.21 | Martin Vædele Egdal | 丹麦 |
| 三阶 | 3.47 | | 杜宇生 | 中国 |
| | | 5.53 | Feliks Zemdegs | 澳大利亚 |
| 四阶 | 17.42 | | Sebastian Weyer | 德国 |
| | | 21.11 | Max Park | 美国 |

续表

| 世界纪录 | 单次 | 平均 | 姓名 | 国家 |
| --- | --- | --- | --- | --- |
| 五阶 | 36.06 | | Max Park | 美国 |
| | | 39.65 | Max Park | 美国 |
| 六阶 | 1:13.82 | | Max Park | 美国 |
| | | 1:17.10 | Max Park | 美国 |
| 七阶 | 1:40.89 | | Max Park | 美国 |
| | | 1:50.10 | Max Park | 美国 |
| 三盲 | 15.50 | | Max Hilliard | 美国 |
| | | 18.27 | Jack Cai | 澳大利亚 |
| 最少步 | 16 | | Sebastiano Tronto | 意大利 |
| | | 22.00 | Sebastiano Tronto | 意大利 |
| 单手 | 6.82 | | Max Park | 美国 |
| | | 9.42 | Max Park | 美国 |
| 魔表 | 3.29 | | 孙铭志 | 中国 |
| | | 4.38 | 娄云皓 | 中国 |
| 五魔方 | 27.81 | | Juan Pablo Huanqui | 秘鲁 |
| | | 30.39 | Juan Pablo Huanqui | 秘鲁 |
| 金字塔 | 0.91 | | Dominik Górny | 波兰 |
| | | 1.86 | Tymon Kolasiński | 波兰 |
| 斜转 | 0.93 | | Andrew Huang | 澳大利亚 |
| | | 2.03 | Łukasz Burliga | 波兰 |
| SQ1 | 4.95 | | Jackey Zheng | 美国 |
| | | 6.73 | Vicenzo Guerino Cecchini | 巴西 |
| 四盲 | 1:06.23 | | Stanley Chapel | 美国 |
| | | 1:12.55 | Stanley Chapel | 美国 |
| 五盲 | 2:38.77 | | Stanley Chapel | 美国 |
| | | 3:03.21 | 林恺俊 | 中国 |
| 多盲 | 59/60 59:46 | | Graham Siggins | 美国 |

# 认知 为什么学习魔方

## 智慧的象征

魔方不仅仅是一种玩具，更是一项了不起的发明。社会学家根据魔方对人类的影响和作用，将魔方列入20世纪对人类影响较大的100项发明之一。魔方还获得了“1980年最佳游戏发明奖”和“最有教育意义的玩具”等奖项。

在《机器人瓦力》中，魔方被当成人类智慧的象征。在《当幸福来敲门》中，威尔史密斯正是由于在出租车上复原魔方，让经理领教了他的数学天赋，才得到了最好的工作机会。

现在，魔方被引入了诸多科研领域，数学家根据魔方的复原研究群论和线性代数等理论知识；网络专家将魔方引入人工智能领域；物理学家建立了魔方和量子力学的关系；化学家通过魔方变化来加强对物质结构的认识；建筑学家将魔方作为经典的建筑教学模型。

## 魔方的意义

魔方被发明以后，魔方的结构、旋转特性，甚至单独块的循环换位，正是对群论的许多基本概念和定理的最好诠释。通过魔方来学习群论，会让理论变得具体，不再抽象难懂。反过来，在群论的指导下，魔方的复原也会变得有规可循，容易掌握。

2018年高考理科数学全国一卷的压轴选择题就和魔方有关系，假如考生知道斜转魔方的切割方式，就会发现斜转魔方的切割原理正好满足这个题目的要求。即使是对数学不感兴趣的魔方玩家，对魔方原理有一定了解，也会提高玩魔方的技巧和熟练程度，有助于对魔方更深层次的理解。

魔方还可以提高我们很多方面的能力，比如手眼脑协调。还原三阶魔方的世界纪录现在是3.47秒，我们还没看清楚魔方就已经完全复原，全过程没有停顿。这就需要我们手眼脑的高度协调，手指在转着，眼睛在找着，脑子在思考着，一刻都不停。同时，玩好魔方需要很强的逻辑思维，这由左脑指挥；需要对颜色的快速反应，这由右脑指挥，一个小小的魔方，左右脑就都锻炼了。

我们研究魔方复原的时候，因为其独特的三维空间结构与鲜明的色彩对比，从第一次转动魔方时就开始刺激大脑高速运转，大脑会分析魔方的位置、状态、运动轨迹与块面关系。在这期间，我们的脑部神经有不同程度的刺激反馈。

魔方可以提高孩子的专注力和执行力。我见过最小玩魔方的孩子是4岁左右，40多秒复原。所以年龄并不是孩子学不会魔方的原因，那什么才是呢？专注力和执行力。小孩子学不会玩魔方主要是因为缺少专注力。其实魔方不难，一步一步做下来就好了。孩子通过一段时间的魔方学习，最直观的改善就是坐得住了。回家也不再只盯着手机和电脑，而是拿着魔方转。

魔方训练，不是简单的随意转转，而是利用空间想象将抽象、杂乱的颜色小块，通过细致推理和实践复原。在这个过程中，不允许有任何的错误，这就锻炼了孩子的专注力，再将这样的专注力迁移到学习之中自然就能大幅提升学习效率。

总而言之，魔方是探索人类反应能力、观察能力、空间想象力的益智产品。研究出一个全新的公式，突破新的纪录都是很令人兴奋的事情。实现自己的努力，历史终会铭记！

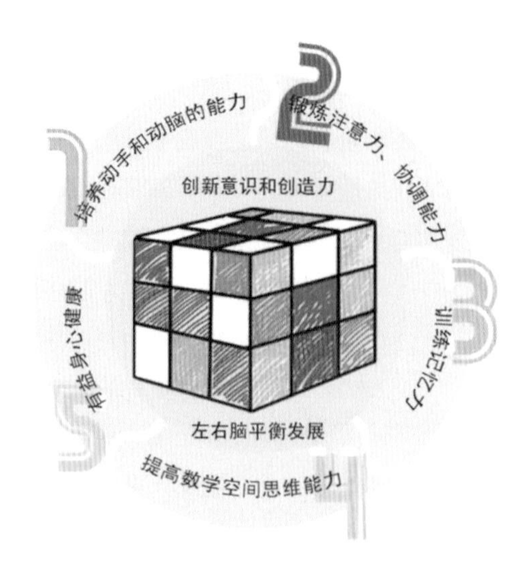

# 第二章
# 我与魔方的故事

WO YU MO FANG DE GU SHI

愿每个人心中的炙热在妥协后还没有死去。

因为喜爱，所以执着。

——一位魔友

# 魔方奇缘 第一次复原

## 魔方奇缘

现在，我要给大家讲的是自己的经历，这些经历好似非常奇妙的蝴蝶效应：从一个意想不到的时刻开始，跟随飞舞的蝴蝶一探究竟，曲径通幽，柳暗花明，正在没有方向处，突然间峰回路转，海阔天空。然而还未欣赏美景，转眼又入白云深处……这其中有很多的故事，激动人心的时刻，光彩绚丽的梦想，震撼人心的感动。因为喜爱，所以执着，我和魔方一路走来，更加坚定了对胜利的信念。

最初与魔方结缘，是在我很小的时候，那时的我对研究解谜游戏特别感兴趣，同时看了许多的侦探故事，最崇拜的偶像就是大侦探福尔摩斯，他每一次的解谜破案都令我内心非常激动。因为对解谜的无比热爱，在学科方面我就非常喜欢数学，我将每一次的数字计算当作解谜推理，渐渐地喜欢上了数学竞赛，参加了一些竞赛并且幸运地获奖，并因此顺利考进了上海明珠中学。

时间长河缓缓地向前流动，2009年4月，此时的我正在读高一，我生命中最为重要的时刻已经悄然降临了。4月中旬一个阳光明媚的下午，我参加了一个课外补习班，课间休息时，我看到前一排有两个男生正在玩魔方。出于强烈的好奇心，我看得目不转睛，仅仅过了1分钟，我惊喜地发现那个男生将魔方复原了。之前，我只在电视中看到过魔方高手复原魔方，觉得他们一定是数学或物理天才，才能理解如此复杂的魔方。而现在就在我的面前，我第一次在现实中亲眼见证了魔方的复原。

整个课间，我都在目不转睛地看他复原，边看边思考，感觉真的不可思议。渴望解谜的热情被瞬间激发出来，我觉得魔方复原肯定不是完全随机的，一定有什么规则方法……

小时候，妈妈送给我一个漂亮的图案魔方，上面印着卡通人物，只是不是标准颜色的魔方，所以我需要一个新的。跑遍了学校旁边的商店，终于在一个小店里找

到了我人生中第一个标准颜色的魔方。

得到新魔方之后，我迫不及待地回到家中，开始查阅复原魔方的相关资料，经过大量的搜索，我找到了一个网站，上面有复原魔方的相关教程。整个下午和晚上，我都在专注地学习，一步一步地尝试复原。仿佛置身于充满迷雾的森林，每走一步都充满了困惑，但微微的能看到些许曙光，虽然周围充满了荆棘，但这或许是正确的路径。不知过了多久，前方终于豁然开朗，在那个宁静的夜晚，在无数次的错误失败后，我终于将魔方成功复原了。

直到今天，我依然能回想起那个光荣与梦想、感动与震撼交织在一起的夜晚。

## 谈空说有 图案魔方

还记得上文提过的那个印着卡通迪士尼人物的图案魔方吗？小时候的我自己探索，用尽全力也只能拼出一个面。学会三阶魔方后，我找到了我的图案魔方，原以为会很轻松地完成，但是使用三阶的复原方法来解决图案魔方的时候，中心块会发生旋转导致图案无法拼接。没想到，图案魔方看起来简单，实际难度其实挺大的。于是我尝试了一些新颖的复原思路，最终完美复原了这个魔方，童年的小目标终于实现啦！

# 魔力非凡 我的魔方生活

## 校园魔方热

因为魔方，我的生活发生了意想不到的变化。刚学会魔方时，要看着视频和教程才能复原，担心自己会忘记公式，所以我将复原公式和步骤抄在了一张纸上带到学校。

课间时分，我将魔方拿出来玩，刚开始复原速度比较慢，但是很多同学看到我复原成功的时刻，都深深地被吸引住了。渐渐的，班里越来越多的同学开始研究魔方。

非常幸运的是，班主任对于我们玩魔方是比较支持的。看到这么多的同学玩魔方，还开玩笑说，让我上一节魔方课教大家。

自从我将魔方带到学校，我们班就掀起了魔方热，渐渐地影响了其他班的同学，课间时候经常看到其他班的同学在 PK 魔方。与此同时，通过深入地学习和探索，魔方也真正走进了我的生活。

我制订了比较详细的练习计划，周一到周五，我玩魔方相对少一些，主要在周末刻苦练习。我喜欢在自己的房间里面，对着电脑上随机生成的打乱公式练习，不

能用电脑的时候，我会自己打印很多的打乱公式，模拟比赛打乱，使用计时器复原。我会将复原时间写在打乱公式的旁边，12次作为一组计算平均值，这样可以记住我每天的成绩是多少。

后来，我开始逛中国魔方吧和其他相关的百度贴吧，高中时几乎每天都会刷，甚至连放学等公交车的时间都不放过。当时是2009年，学习魔方的资料不是很多，我会登录国外的魔方网站，学习顶尖高手的复原技巧，或者在视频网站上看中国魔友搬运过来的国外视频。只是这些全部是英文讲解，没有任何的字幕，虽然我对魔方术语有一定了解，但是要完全理解每句话的意思还是有些困难的。为此，我努力学习英语，提升自己的英语水平，希望可

2010年第一次参加魔友聚会

以理解国外的教程。

因为对魔方十分喜爱，我又加了很多的魔方 QQ 群，几乎每天都会在魔方群里聊天，因此认识了很多魔友。通过 QQ 群，我参加了一些魔方的聚会，有机会跟比我厉害的魔友 PK，这令我十分开心。我们魔友喜欢去南京东路的萨利亚聚会，每一次聚会都能认识新的魔友，现在回忆起来仍是一段难忘的时光。

## 校园达人秀

不知不觉就到了高二，恰逢东方卫视的《中国达人秀》比较火，各个学校都在举办校园达人秀。我以魔方作为展示节目参加了校园达人秀，在很多同学面前表演了三阶单手、二阶盲拧以及金字塔等异形魔方的复原，展示效果十分精彩。

校园达人秀晋级成功之后，我参加了上海达人秀，最终获得亚军。得到奖杯的那一刻，我的心情久久不能平静，这是我第一次通过魔方获得奖项，让我对自己的实力有了更多信心。

## 谈空说有 10R

很多关注我的同学可能有疑问，为什么我的微博 ID 是“王鹰豪10R”，为什么很多魔友会称我为“10R”。我一直都没有解答，因此，有的同学猜测是10项魔方纪录，有的同学猜测是游戏里面的人物……

其实这是我从2009年开始就一直使用的 ID，来自我另一个兴趣爱好——足球。我热爱足球，使用这个 ID 更多的是致敬，致敬我最崇拜的足球偶像“罗纳尔迪尼奥”——小罗10R。

# 首战告捷 征战赛场的信念

## 目标1：魔方比赛初体验

为什么我要参加魔方比赛呢？我想更多的是好奇心和对自己的挑战，想要亲历一场真正的魔方比赛。2010年的新年刚刚到来，我在网上看到有WCA魔方比赛，特别想去体验一下，于是就发帖问哪里可以参加。有魔友告诉我报名网站，看到杭州有一场距离我比较近的比赛就马上报名了，目标只有一个：体验一下魔方比赛。我认为第一场比赛是非常重要的，同时家人也想去看一看，支持我的兴趣爱好，最终全家人就一起去杭州了。

2010年1月31日，WCA杭州公开赛，这是我第一次参加魔方比赛。在一天之前，远在南半球的菲神以9.21秒的成绩打破了三阶平均世界纪录。

第一场比赛给我留下的印象是极其深刻的，我是一个新人，那个时候大家都不认识我。但是就是第一场，我见到了很多梦寐以求的魔方大神，例如张砷镓和庄海燕。张砷镓是当时的中国速拧第一，在这场比赛中以9.96秒的成绩打破了三阶单次中国纪录，也成为中国第一个进10秒的选手，他获得了全场比赛的总冠军。庄海燕是当时的盲拧世界纪录保持者，在这场比赛中他发挥得也不错。我作为初出茅庐的魔方新手，还跟偶像张砷镓和庄海燕要了签名。在这场比赛中我认识了很多的魔友，比如孙舟横、陈霜和陈铭豪，他们都非常厉害，对我之后的帮助非常大。

第一场比赛，我的三阶成绩最快14.16秒、平均16.67秒，我作为一个新人，三阶最终的成绩已经进入了决赛，我感觉非常的意外。更令我惊喜的是，我的二阶成绩最快3.97秒、平均4.27秒，平均成绩在当时已经成为中国第三。最终获得

了二阶季军，第一场比赛就成功登上领奖台，首战告捷。

回想一下，学会魔方仅仅九个月时间，第一次参加比赛，在二阶的项目上我就成了中国第三，感觉自己还是很厉害的，当然可能还有杭州福地赋予的幸运加成。从那个时候开始，二阶开始成为我的强项，我会多多练习二阶项目，此时的我已经立下新目标：奖励自己一枚金牌。

## 目标 2：获得第一枚金牌

很快就到了我的第二场比赛，第二场比赛刚好在第一场比赛的下一周。2010年2月7日，上海冬季公开赛，这场比赛中我以5.03秒的二阶平均成绩获得了二阶冠军，这也是我人生中的第一个冠军。虽然这次的成绩不是很快，但是得到冠军给了我很大的信心，这个金牌是对我最好的奖励，我相信未来的比赛中，我会获得更多金牌。

之后，我参加了更多的比赛，也养成了自己跟魔友去外地比赛的习惯。我会提前计划好，跟六七个魔友坐火车去全国各地，一起交流，一起比赛。每次参加比赛，和魔友们一起 PK 的经历都特别令人难忘，尤其是我们魔友都在全国各地，能在赛场上见上一面，就感到十分珍贵。

2011年高考结束之后，暑期放假2个月，我参加了6场比赛，此时二阶平均中国纪录已经被我的偶像孙舟横刷到了3.22秒。虽然在平时练习中，我的成绩有时是可以打破这个纪录的，只是事与愿违，在我参加了6场比赛后，我还是没有能打破这个纪录。此时，我已经有了更高的目标：创造中国纪录（NR）。

## 谈空说有 偶像孙舟横

说起孙舟横，还真的要好好感谢他呢！说实话，没有他，也不会有我今天的成就。自2010年1月31日相识后，我向他学习了不少二阶魔方复原的方法与技巧。我曾对他说过希望成为中国第二，因为当时的他是毫无争议的中国二阶第一人。他是我的偶像和导师，我能超越他真是一件不可思议的事。

我与孙舟横的合影

# 超越极限 梦寐以求的纪录

## 目标3：创造中国纪录（NR）

中国纪录是我不断追求的梦想，在2011年的整个暑假，我参加了6场比赛，每次都十分接近纪录，却一直没能打破，这个看似遥不可及的梦想始终在我的心中。

2011年8月27日，上海丸子秋季赛，此时的二阶平均中国纪录已经刷到了3.22秒。在这场比赛中，我的每一次复原都十分完美，我在赛场上心算了一下，二阶平均成绩是3.19秒。没错，刚刚我真的创造了新的中国纪录，那一瞬间的心情是非常激动的。

不过非常可惜，那场比赛我的成绩并没有被算作中国纪录，因为在我打破纪录仅仅1分钟之后，原中国纪录保持者孙舟横再次打破了中国纪录，他的成绩是2.90秒，成为中国第一个二阶平均成绩进入3秒的选手。

在比赛规则中，如果在同一场比赛当

中有多个选手打破了纪录，只有最好的有效，所以我的成绩就不算了。那场比赛结束之后，我的心情十分复杂，1分钟，经历了这样的大起大落，也不知道是不是要庆祝一下。但是至少我能突破自我，这次也算是最接近中国纪录的时刻。

真正第一次打破二阶中国纪录，是在我印象中最为深刻的2011年12月24日，我想这也许是最值得纪念的圣诞节了。上海圣诞丸子赛，我以平均2.60秒的成绩创造了新的中国纪录。当最终结果得到确认的时刻，我的内心反而十分平静坦然，只是打电话给亲朋好友，告知了比赛的结果。

这场比赛我为什么能打破纪录呢？首先，我花了很多时间练习；其次，我用了一种全新的方法——EG法。这个方法使用新的二阶公式，只是新公式多达120个，而且更加复杂，当时全中国会这个方法的人几乎没有。这个方法的好处是你能通过观察时间将所有步骤计算出来，而不需要在复原的过程当中停顿，实际效果非常好。我花了一段时间背完后，第一次运用在实战比赛中，就幸运地打破了中国纪录。

这场圣诞节的魔方比赛一共有五个项目，我在二阶速拧、三阶速拧、四阶速拧以及三阶盲拧四个项目上全都是冠军，我想这就是接连不断的圣诞惊喜！

当然最惊喜的毫无疑问是中国纪录（NR），这个在我脑海里出现太多次的词语，在这一天终于实现了……

回家看了下WCA纪录排名，距离亚洲纪录差了0.05秒，有些可惜，不过已经是世界第十，真是不可思议呢！而且超越了我的导师孙舟横和另一个偶像安东尼·布鲁克斯。最后感谢的当然是我自己，为了实现这个目标，真的付出了很多，不过现在想起来，那些努力还真是值得呢。这个梦想，伴随我走了一年七个月，一路走来，收获了很多，也浪费了很多机会。这个时刻已经在我脑海当中出现过太多次了，我今天终于做到了。当梦想成为现实的时候，我比想象的要平静坦然些，更多的是一些感慨，因为那些梦想正是你前进的最大动力，不是吗？

## 目标4：打破亚洲纪录（ASR）

这是我的第一次纪录，从第一次纪录到第二次纪录，我又经历了一年多的时间。打破中国纪录之后，我认为自己是有实力打破亚洲纪录的，当初的亚洲纪录是2.55秒，我的中国纪录是2.60秒，距离只有0.05秒，于是我自然而然地确立了新的目标：打破亚洲纪录（ASR）。

2012年3月10日，合肥春季赛，我在打乱非常简单的情况下，因为自己的一个判断失误，错失了亚洲纪录，感到些许的遗憾。

2012年7月21日，上海夏季赛，因为魔方最后一步没有转到位，按照比赛规则加罚2秒，再次与亚洲纪录失之交臂。

最终，2012年9月22日，杭州公开赛，我以二阶平均2.44秒的成绩打破了亚洲纪录。当我心算出平均成绩的时候，没有人知道。我一个人回到了座位上，想了很多，所有的经历场景历历在目，似乎要流下眼泪。不是激动，不是感觉自己练的多么辛苦，而是感觉特别不容易，经历太多失利之后，自己终于打破了亚洲纪录。

很多时候，一个选手再厉害，如果他没有得到自己想要的成绩，也一定是非常遗憾的。比如说国家乒乓球队运动员王浩，他非常厉害，但是他拿了三届奥运会亚军。羽毛球运动员李宗伟也是一样的，他的排名世界第一，却一直只拿到亚军。田径队短跑运动员苏炳添获得了中国第一，但是他之前没有拿过大赛冠军，直到他拿到亚锦赛的冠军的那一刻，相信他就没有遗憾了。

其实就是那种感觉，经历了失利之后获得的成绩更加令我感动。当然这是一个全新的开始，打破亚洲纪录之后，后面的比赛相对来说会顺利一些。这个时候，心中仅剩最后的梦想和目标：世界第一（WR）。世界所有魔方高手的梦想和最高荣誉，在全球百万魔友的比赛竞争之中，成为真正的世界魔方冠军。

## 目标5：世界第一（WR）

2013年3月23日，浙江大学魔方公开赛，我以2.35秒再次打破了亚洲纪录。

2013年4月20日，上海海事赛，我趁着刚刚打破亚洲纪录的胜利契机，信心十足地向着世界纪录发起冲击。此时是我距离世界纪录最近的一次，全世界还没有哪位选手的二阶平均成绩进入2秒，而我是非常有机会的。

赛场之上，前三次的成绩非常完美，但是第四次的打乱特别难，复原花了许多时间。第五次是决胜局，我观察着这个魔方，它的打乱其实非常简单，可是我求胜心切，过于紧张，没有能正确预判，最终的成绩并不理想。

虽然我的二阶遗憾地错失世界纪录，但是在这场比赛的决赛上，我以9.35秒的成绩奇迹般地打破了三阶平均中国纪录。确认成绩时我感到十分震惊，这是一个非常意外的收获。

在这场比赛后，我回忆了比赛的所有细节，同时总结了多年的经验。我发现是因为这一次我的心态完全放松了，如果我是以二阶的心态去比赛三阶的话，是不可能打破纪录的。二阶失利之后，我就完全没有压力了，觉得这场比赛的任务已经完成。比赛三阶时就非常放松，心情平静得和在家里练习一样，其中4次成绩都是9秒出头，轻松地打破了三阶平均中国纪录。

稳定心态之后，2013年8月3日，上海夏季赛，我以2.06秒的成绩再一次打破二阶亚洲纪录，此时我的二阶排名是世界第二，是我历史排名最高的时刻。当时的世界纪录是2.02秒，我仅仅比世界第一慢0.04秒。当时我在想，或许世界纪录的最终目标很快就能实现了。

2013年10月27日，南昌公开赛，我以0.93秒的成绩打破了二阶单次亚洲纪录，单次排名世界第五，成为亚洲第一个二阶进入1秒之内的选手。当初的打乱其实是非常简单的，观察后我放松了心态，终于抓住了这个千载难逢的机会，拿起、复原、拍表一气呵成。这个纪录一直保持了1722天之后才被打破。

2014年11月1日，亚洲魔方锦标赛，我的二阶平均纪录刷到1.92秒。2016年3月19日，上海春季魔方赛，进步了0.01秒，新成绩是1.91秒。2016年7月15日，合肥魔方公开赛，再创新纪录1.82秒。2016年10月1日，亚洲魔方锦标赛，我创造了最好平均纪录1.68秒。

时间的长河不断向前，魔方界的竞争愈发激烈，更加厉害的顶级高手不断涌现，每个月都有许多的纪录被不断刷新。历史的车轮经历艰难颠簸之后，开始沿着新的方向前进。

## 目标 6：中国魔方全能王

大家都知道二阶是我最擅长的项目，那为什么说我是中国魔方全能王呢？为什么我会分散时间练习这么多项目呢？

事实上，二阶是我最擅长的项目，我想每一次比赛都能登上领奖台，或者每次都获得冠军冲击纪录，这是练习其他魔方很难做到的。而成为中国魔方全能王，更重要的原因是我觉得学习和练习的过程很有意思，无论二阶、三阶、四阶是还金字塔，每一款魔方都是完全不同的，研究全新的解法，探索其中的原理，找到新颖的思路，能让我收获成就感，也强化了我的兴趣。

2013年，我在浏览 WCA 官方网站的排名时发现，我的魔方全项目综合排名是中国第三，而且与第一名的差距并不太大，于是我就确立了一个小目标：成为中国魔方全能王。紧接着，2014年斜转被列入 WCA 的比赛项目，我成为第一批练习的选手，并于当年打破了4次斜转的中国纪录。最终，我实现了中国魔方全项目排名第一的目标。

## 谈空说有 征战赛场

不断参加比赛是为了刷新成绩，创造新的纪录。那么这个纪录可以带给你什么呢？这个纪录不能带给你很多金钱，不能带给你很多名气，不能带给你很多物质的回报。但是通过自己的努力做到了一件非常想要做的事情，这些带给你的兴奋是任何东西都无法取代的。

魔方比赛通常都是非营利性的，许多魔友虽然难以获奖，但仍然会经常参加比赛，只是希望和更多魔友一起玩，一起创造属于自己的纪录，为了魔方这个共同的兴趣爱好去热爱、去坚持、去拼搏！

# 创造辉煌《最强大脑》

## 初次登场

一开始我只在魔方界内比较活跃，但是真正进入大家的视野，获得知名度，还是通过《最强大脑》这个节目。

我为什么会参加这个节目呢？是因为之前的爱好，我对数学解谜非常感兴趣，这个节目播出时，节目宣传这里汇聚了脑力精英，可以挑战各种高难度项目，瞬间就抓住了我的好奇心。

《最强大脑》第一季第一集中有一个项目叫“郑才千辨识魔方墙”，当我第一次看到魔方竟然可以和脑力结合在一起时，非常震撼。在随后播出的节目中，我还看到了许多难以置信的挑战，每次看到和魔方相关的项目都异常兴奋，只是那时没想到自己有一天也会参加节目。

2015年春季，《最强大脑》导演组要招募魔方选手，很多魔友推荐了我。后来导演组联系到了我，他们说过段时间会来上海面试一些选手，之后我就去了上海的一个酒店和导演组面试。

面试时，我带了十多款魔方，通过测试每一款魔方的复原时间，以及自我介绍和上台试镜，最终有幸被选中参加节目。

上场之前，导演组也问过我，选取一个什么样的称号展现自己比较好，以体现我的特点和实力。最终我选择了“魔方隐士”这个称号，因为圈内大家都知道我了，但是在圈外我还是比较低调的，所以就选择了“隐士”的称号，会有一种隐藏的高手重出江湖的感觉。

第一次录节目，我见到了以前只能在电视当中看到的场景，还认识了很多非常厉害的脑力竞技选手，比如“水哥”王昱珩、“国际特级记忆大师”苏泽河、“记忆天才”李威等，那是一段非常值得怀念的经历。

## 最强大脑对战

第一次对战的感觉是比较尴尬的，因为我是跟盲拧选手贾立平 PK，我们的优势项目各不相同，节目组为了平衡就选择了三阶速拧和盲拧的结合。我对于盲拧不是很擅长，因为我练速拧比较多，就在那个月花了很多工夫去练盲拧，当然练的效果肯定没有专攻盲拧的选手那么好。所以在当初的比赛中速拧我占优，盲拧贾立平

占优。最终，我在这场项目结合的比赛中获得胜利。

当时网上有很多的议论，我赢得了比赛之后，节目组还是希望贾立平留下。其实，这个对于我的影响是比较大的，因为这是我第一次受到这么多的关注。微博上给我私信的人很多，有的人说我表现得非常好，有的人很同情我，也有人诋毁我。那天晚上我看了很多的评论，心里有些不是滋味。当然那些选手毕竟是老选手，他们在一起的时间比较长，有更深的感情，此时突然来了一个新人，要将他们 PK 下去，他们有这样的想法也是可以理解的。

这件事对于我的影响是比较大的，毕竟我是第一次上节目，没有太多经验。后来导演就和我谈心，来安慰我。我也认识到，这是一个科学类的挑战节目，最重要的是成绩，其他的议论无须在意。

在第三季国际赛当中，我和贾立平组队对战国际战队的菲神和奇安弗兰科，这一次的表现得到了大家的广泛认可。这是一个组合制比赛，我和菲神比速拧，贾立平和奇安弗兰科比盲拧。那场比赛中很多观众觉得我发挥得非常好，因为在对战世界冠军时，我还是能紧紧咬住他的时间，紧跟不舍。很多人问我那场比赛发挥稳定的原因，在面对世界顶级高手的情况下，虽然我们队的胜算不大，但是我放平了心态，发挥出了自己的实力，最终取得这样的结果已经是比较满意了。

## 生死魔速

《最强大脑》第三季和第四季正好是收视率最高的时期，幸运的我正好在这两季当中。这一次，和我比赛的是国内三阶速拧最厉害的选手王佳宇。节目采用的是追逐战的方式，这是我非常喜欢的挑战，追逐竞赛环节十分紧张刺激，既能体现出双方的真正实力，又非常具有观赏性。我非常喜欢这个挑战，对于这场比赛特别重视。

为了这场比赛，我在家里准备了2个月，自己始终不断地进行练习，模拟场上的比赛。《最强大脑》的赛制跟 WCA 魔方比赛是有区别的，魔方没有观察时间，因此我更多地进行了无观察复原，针对各类细节问题做了充足准备。王佳宇是非常厉害的选手，三阶综合实力中国第一，同样多次打破亚洲纪录和中国纪录，在百人魔方大战中获得第一名。

最终的赛场之上，我完全放松了心态，两轮比赛都发挥了自己最好的水平，决定了比赛胜负，因此我成了《最强大脑》中国名人堂成员。

这场比赛是我3场《最强大脑》之战中最满意的一场，获胜的原因一方面是长期的努力和充足的准备，另一方面是临场的经验以及自己的发挥。我所说的每一句话，我所做的每一个动作，以及我的每一个行为都是自己真正想要表达的，而不像以前那样受到外界的影响。最终，无论是比赛的结果还是自己的表现，以及带给大家的感受，都达到了最好的效果。

赢了比赛之后，我本来是能跟国际战

队的麦神进行 PK 的，但是受到盲拧风波的影响，魔方比赛被取消了。感觉还是比较可惜，没有能在《最强大脑》的国际赛上再次为中国战队出战。

魔方这些年的发展我是一直看在眼里的。从一开始的没有多少人玩，到现在很多的学校和机构都开设了魔方课程，全国各地举办的魔方赛事越来越多，参赛人数越来越多，魔方知名度越来越高。我觉得《最强大脑》的影响功不可没，特别感谢《最强大脑》给我的机会和对魔方的推广。

我是非常幸运的，可以参加这个节目，让大家认识我，也一定程度上改变了人们对魔方的认知。很多朋友都说“我是看到你的节目才对魔方感兴趣的，看到你的节目才开始学习魔方的”。很多粉丝会特地去看我的比赛，或是一起参与进来，我觉得能带给这些青少年一些希望和梦想，是一件很有意义的事情。

## 谈空说有　蝴蝶效应

参加《最强大脑》节目的经历，对我来说是特别难忘的，后面发生的一系列事情可能都会和这个有关，正好映射了我非常喜欢一个词语，就是“蝴蝶效应”。

我一直想：这件事情给我带来了什么？让我遇到了哪些人？让我经历了哪些事情？如果当初没有在那个课间看到那个同学玩魔方的话，一切可能都不会发生。抑或是我没有参加《最强大脑》的话，就是另一个完全不同的人生了，每次想起这些事情，我都会感到非常幸运。

# 终极对决《挑战不可能》

## 以一敌五

2017年6月，央视《挑战不可能》节目组导演联系我，想要做魔方的节目，我是非常愿意的。只是《挑战不可能》第一季和第二季都没有做过魔方，一直计划新的赛制，因为很多赛制《最强大脑》已经做过了。导演组对怎么开展比赛最能吸引观众权衡再三，最后确定的赛制是“以一敌五”，目的是凸显挑战难度。

最终选择了来自5个国家的5位魔方世界冠军，分别是：来自美国的世界纪录保持者内森，来自日本的魔方冠军伏见有史，来自西班牙的魔方冠军阿尔贝托，来自英国的前世界纪录保持者丹尼尔，以及最厉害的来自澳大利亚的菲神。

实际上，这5位冠军选手都非常厉害，他们都打破过很多的世界纪录，是全球顶级的魔方冠军。而且大家知道，我最擅长的二阶魔方在那场比赛当中是没有的，因此对我来说其实更有难度。在之前彩排的时候我跟他们成绩是差不多的，也不确定能赢下比赛，节目组对我有点担心，所以会有一定的压力。

现场挑战之中有三阶、四阶、金字塔、斜转和五魔方，目的是凸显比赛的多样性。三阶是由最厉害的菲神跟我 PK，他的实力远在我之上，所以三阶落后了一段时间是预料之中的，我需要稳定心态，以减少自己的失误。整体上我发挥得是比较不错的，后来两名国外选手出现了一定失误，我将时间给追回来了，获得了最终的胜利。

## 魔友大家庭

赛场之外，我跟5位国外魔友一起相处了10多天，发生了很多有趣的事情。虽然大多数人是第一次见面，但是依然有永远聊不完的话题，每个人都有各自的特点，相处的感觉好似回到了大学时光。

和他们面对面地交流比赛，与每个魔友开心畅谈是特别难忘的经历。我送了丹尼尔一个纪念版魔表，他回国之后一直感谢我。美国魔友内森对汉语非常感兴趣，我们一起交流中华文化，他回国之后报了学习中文的课程，偶尔会和我用中文聊天。特别感谢《挑战不可能》这个节目，让我们这些来自全球各地的魔友相聚在一起。

## 挑战世界魔方全能王

总决赛的时候，节目组设计了新的赛制，最终决定由我和世界魔方全能王杰登 · 麦克尼尔进行 PK。他来自澳大利亚，是菲神的好朋友，全项目综合排名世界第一，每一项比赛成绩都十分优异，而且后来有一次差一点就打破了菲神的三阶世界纪录。对于我来说，这一次挑战的难度是极其大的。比赛中我们 PK 了8款不同类型的速拧，以及连续4个魔方的盲拧，共计24个魔方，无论是数量还是综合难度都是前所未有的。

总决赛的时候，我的速拧不是很有优势，在复原五魔时落后了一段时间，但是真正决定比赛胜利的，是最终的盲拧。盲拧是不允许失误的，一旦失误比赛就输了。我在速拧已经落后的情况下，必须缩短盲拧魔方的记忆时间，只能背水一战，放手一搏，最终盲拧成功，获得了比赛胜利。

## 魔方记忆收官之战

2019年初，我第三次参加《挑战不可能》，而我的身份也从一名挑战者变成了被挑战者，新的挑战者是一名国内的天才少年选手李佳洲，他是一名非常厉害的选手。他在2018年WCA的比赛当中，打破了我的二阶单次中国纪录，这个纪录已经尘封了1722天。我在短短一年当中看到他的成绩飞速进步。近些年，有不断的青少年涌现出来，这是一种非常好的现象，新兴的选手是中国魔方未来的希望。

这一次备战比赛的时候，我自己的心理压力没有前两次这么大，毕竟之前两次是带着国家荣誉和国外冠军一起PK。这一次完全不同，我的身份有所不同，心态也有所不同，但作为一名被挑战者，我同样会全力应对这场比赛。

最终的结果是，我在速度上领先了5个魔方，获得了胜利。事实上李佳洲的实力是有目共睹的，可能是他在比赛的心态和细节上没有做好。单纯从实力来说，他跟我可能是差不多的，甚至已经超过了我。

我在开展魔方教学的过程中，教过许多小朋友，看到他们取得好成绩，自己都非常开心。所以，如果这一次李佳洲战胜我，我也会为他送上祝福。虽然他这次比赛失利了，但是我觉得他以后的魔方之路

还很长，祝愿李佳洲能在未来的赛场上取得更优秀的成绩。

这一次的《挑战不可能》对我来说更多的是一个转身，是从一个魔方选手向魔方教育者和推广者的转变。能将对魔方的热爱传递给更多的青少年，是非常有意义的。我期待，未来有更多的青少年可以站在世界顶级赛场的舞台上展现自己，创造新的纪录！

## 谈空说有　魔方与英语

魔方，带给我许多改变，其中最不可思议的是——英语！

高中时，为了理解国外的魔方教程，我开始努力学习英语。在后来的比赛中，我遇到很多国外的魔友，在与他们的交流中我的口语水平有了大幅度的提升。

通过大约10年的主动学习和实践练习，我的英语水平有了非常大的进步，这或许就是我现在可以和国外魔友愉快交流的原因吧。

# 新的故事　传承梦想

## 新的故事

说到我与魔方新的故事，我最先回想起的是大四的最后时光，如何选择未来的事业，我自己主要规划了3大方向：

**第一，**从事本专业，进入中国商业飞机有限责任公司工作。事实上，家人也希望我从事一份稳定的工作。

**第二，**因为我对英国文化以及英超联赛特别热爱，更是英剧《神探夏洛克》的铁粉，所以我想过去英国留学。

**第三，**进入魔方行业。我在大三升大四的时候教过一些小孩子玩魔方，我发现自己非常喜欢跟孩子们交流，看到他们从零基础到学会魔方，再从学会魔方到提高速度，就会非常有成就感。

现在，我想将第一次通过魔方获得的喜悦传递下去，想将我的技巧普及给更多人，这就是我的初心与热爱，这就是我小小的梦想。

## 新目标：推动中国魔方行业发展

因为一些机缘巧合，我认识了现在的合伙人，我们都有共同的目标——推动中国魔方事业的发展。我想给中国热爱魔方的魔友们，送上一个快乐有益的礼物。因此，我和央视脑力节目顾问、脑力记忆思维专家方然老师一起，创立了上海魔奥教育科技。

有人问我，未来的10年，最希望被人记住什么，是最强大脑还是魔方冠军，我想都不是。我期待未来的10年，通过我们的努力，让更多的青少年爱上魔方，让更多的中国魔方竞技选手获得冠军，让我们的国旗在世界赛场上飘扬。这些是我真正想做的事情，能从事自己喜欢的事业感觉是最好的，想想都觉得特别幸运。

2016年8月29日，我们成立了上海魔奥教育科技有限公司，从一开始的2个人，到现在很多的伙伴一起参与进来。我们在全国逐渐有了上百家魔奥魔方俱乐部会员，我们的线上魔方课程学员已经突破百万人次。一路所见证的这些变化，更坚定了我们的目标：打造中国落地实用、专业权威、综合应用型一体的魔方教学赛事平台。

## 吉尼斯世界纪录

魔方发明至今已经有40多年的历史，无数人对魔方发起过各式各样的极限挑战，成功者将新的纪录载入了吉尼斯世界纪录的史册中。众所周知，吉尼斯世界纪

Largest online Rubik's Cube solving lesson

**最大的线上解魔方课程**
**吉尼斯世界纪录®称号**

**王鹰豪** 老师：

2018年8月24日，作为学而思网校魔方课主讲老师，带领学生们共同创造了"最大的线上解魔方课程"吉尼斯世界纪录®称号！

有效挑战人数为16980人，来自全国469个城市，创造了在线教育历史上罕有的案例！

学而思网校
2018年8月

录在收录世界之最的同时，也不断激励着人们挑战极限，突破前人的最高水平，创造全新的历史。

2018年8月24日，魔奥魔方联合学而思网校直播的魔方在线课与16980名学员共同挑战，成功创造了一项全新的吉尼斯世界纪录——最大的线上解魔方课程！此次创造的吉尼斯世界纪录，需要有效参与的人员必须同时满足“从宣布挑战开始起上满30分钟课程”并且“拥有唯一 IP 地址”两项条件。迟到、早退、中途离开都会被视为无效，可谓困难重重。

即使在这样苛刻的条件下，我们仍然完成了这次挑战。非常开心的是，加上这些新同学，王老师我也有数十万学生啦！

## 谈空说有 魔方的未来

现在是魔方发展非常好的时代，无论是普及度还是竞技水平都有了极大的提升，魔方已经成为新的益智游戏，或者说是新的竞技项目。我国已经注册了很多魔方协会，我们魔友一直希望魔方可以真正地职业化。

2019年，正好是我练习魔方的十周年。我在《挑战不可能》节目当中说过，我从没有想过小小的魔方能让我来到这么大的舞台，带给我这么多的改变。我希望和魔方成为永远的好朋友，无论是以参赛者的身份，还是以推广者的身份，我始终会参与到魔方的运动当中。很高兴自己现在从事魔方事业，希望和魔方一起迎接更美好的明天。

# 第三章
# 魔方有术

MOFANGYOUSHU

魔方就是你不尝试就永远学不会的东西。

——一位魔友

- 三阶魔方详解
- 二阶魔方详解
- 金字塔魔方详解

# 三阶魔方详解

## 魔方新认知

Q：学习魔方和数学能力之间有联系吗?

A：玩魔方和数学能力之间是相辅相成关系。数学能力好，对魔方结构的理解就会更清晰；学习魔方，则对提升思维能力和学习能力有益。

Q：我们会学习哪些魔方呢?

A：会学习3款魔方，三阶魔方、二阶魔方、金字塔魔方。这三款魔方分别代表标准魔方、偶数阶魔方、异形魔方。

Q：魔方会不会太复杂? 学员会不会学不会?

A：没那么复杂，我们通过最专业的方法讲解，针对魔方的难点和重点进行专门的研究优化，取消字母教学的方法，开启中文轻松教学新时代。将复原的方法拆成一个一个的步骤，简单清晰，保证每位学员都学得会。

Q：魔方需要公式吗? 公式记不住怎么办呢?

A：我们这次魔方之旅的某些学员，特别是那些对数学没有亲切感的学员，一遇到公式就可能会产生头晕等不良症状，希望大家能坚持下来。魔方的学习是需要公式的，列出的公式一定要记住，但是不强求理解其数学意义。不用担心，我们的魔方公式与记忆方法相结合，可以用最轻松的方法记忆学习。

## 三阶魔方结构

Q：三阶魔方总共有多少个小块呢?

A：细心观察，三阶魔方有6个中心块，12个棱块，8个角块，总共26个小块。

中心块位于魔方中心，有1种颜色；棱块位于侧边的中心，有2种颜色；角块位于周围的角上，有3种颜色。试一试，无论怎么旋转，中心块永远在中心，棱块只会到棱块的位置，角块只会到角块的位置。不存在角块到棱块、棱块到角块的可能性。

中心块的颜色决定了这一面最后复原的颜色。同时，相近的颜色是相对的：红橙相对，绿蓝相对，白黄相对。

**中心块：**中心块有1个表面在魔方上，位于该面中心。

**棱块：**棱块有2个表面在魔方上，位于侧边的中心。

**角块：**角块有3个表面在魔方上，位于周围的角上。

从前方观察，我们可以看到魔方分为3层：顶层、中层、底层。

标准摆放是白色中心块朝下，黄色中心块朝上，我们第一步就要用到这个。

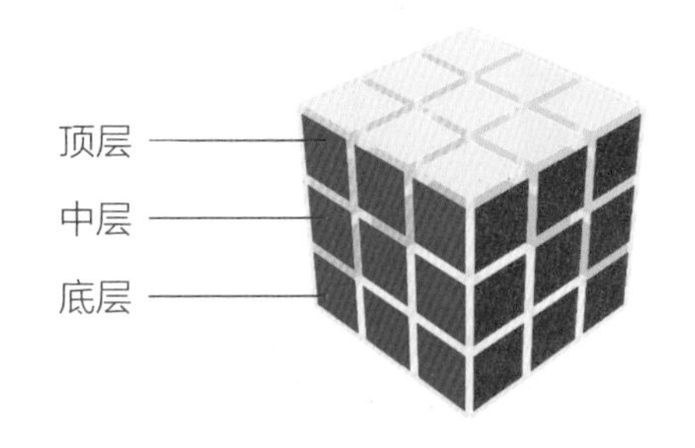


## 方星球的故事

很久很久以前，方星球有6个国家，6位国王位于领土的中心且相对位置不变，国王的颜色决定了所在领土的颜色，国王是国家的能量中心和定位依据。

法师位于领土棱块，每个国家有4个法师，相邻国家的2个法师组成法师联盟，因此方星球领土有12个法师联盟。他们可以互相帮助，召唤法阵。

骑士位于领土角块，每个国家有4个骑士，相邻国家的3个骑士组成骑士团，因此方星球领土有8个骑士团。可以守护边疆，协同作战。

但是，突如其来的浩劫让方星球陷入了征战和混乱……是时候终止这一切了，让我们一同寻找六国回位、重归和平的方法……

## 三阶魔方复原思路

Q：魔方是怎么复原的？“一面一面复原”还是“一层一层复原”？

A：一层一层复原，这种方法叫“层先法”，它是将魔方分为3层，按照底层、中层、顶层分层进行复原。该方法非常简单，7步即可复原三阶魔方。

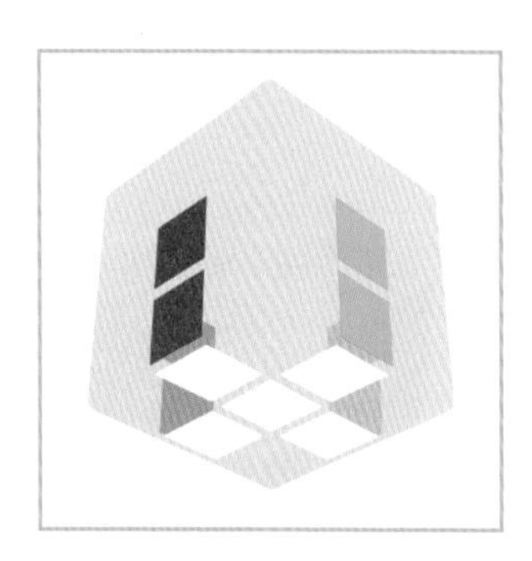
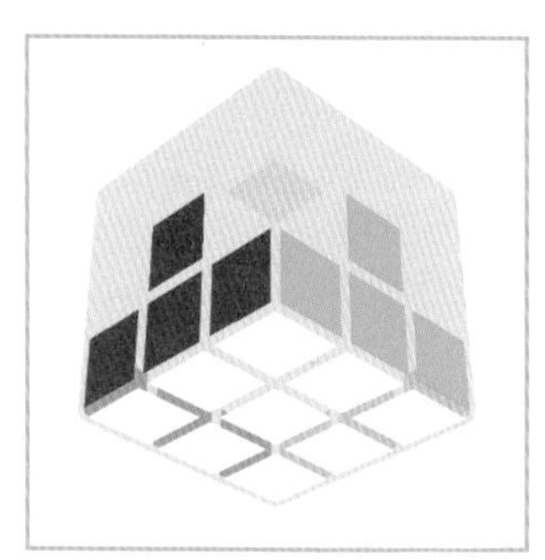
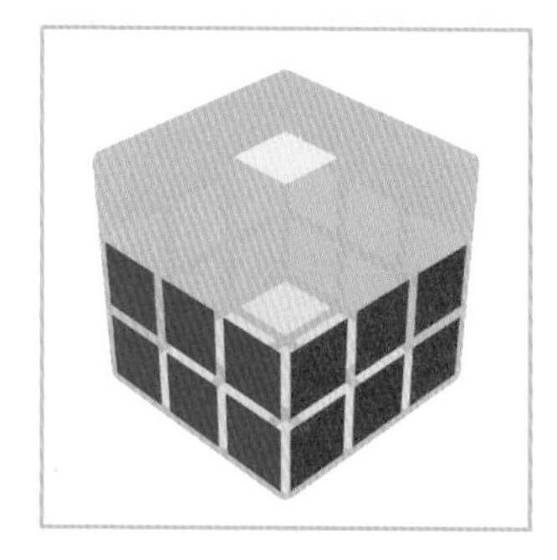

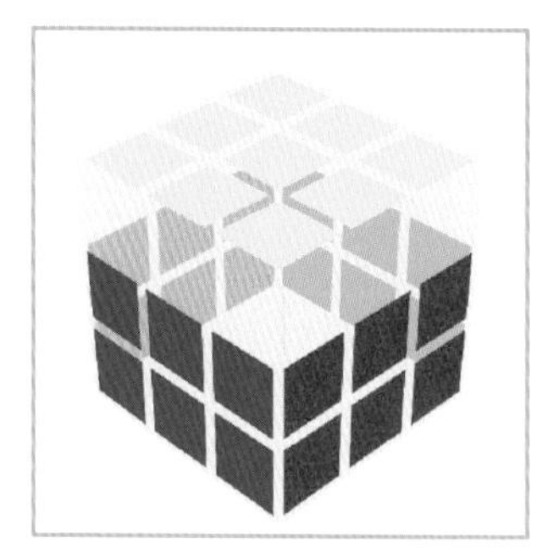

## 白色十字——送你一朵小花

A. 任务目标

在白色底面，拼出白色十字棱块，同时红绿橙蓝四个颜色对齐。

**白色国王召集4个白袍法师，在底层布下十字结界。同时，白袍法师联合红绿橙蓝的法师联盟正确归位。**

B. 拼好黄色小花

我们要先对好下图这样的一朵小花，中心是黄色花蕊，四周绽放着白色花瓣。

一定要记住魔方的标准摆放，小花的黄色中心在最上方，白色中心在最下方。

非黄色小花不用对齐侧面颜色，这会给我们减少一些难度。

情况1：花瓣在中层时——向上转。

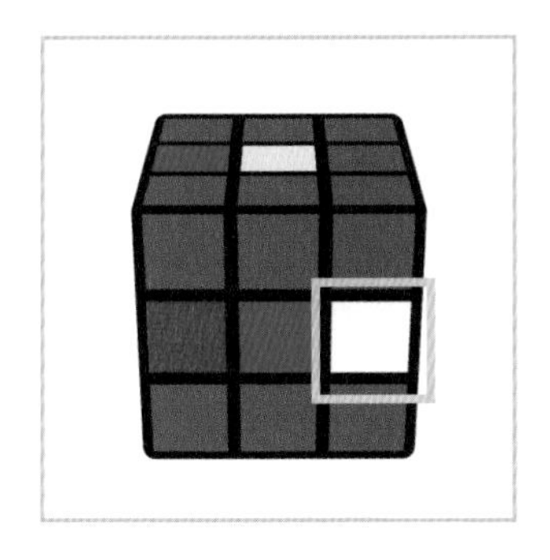

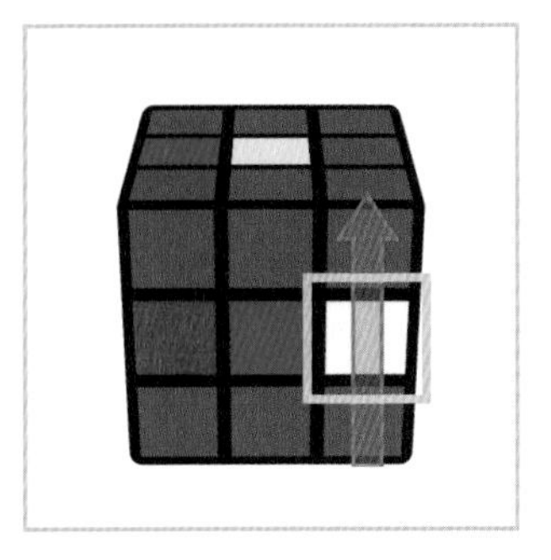

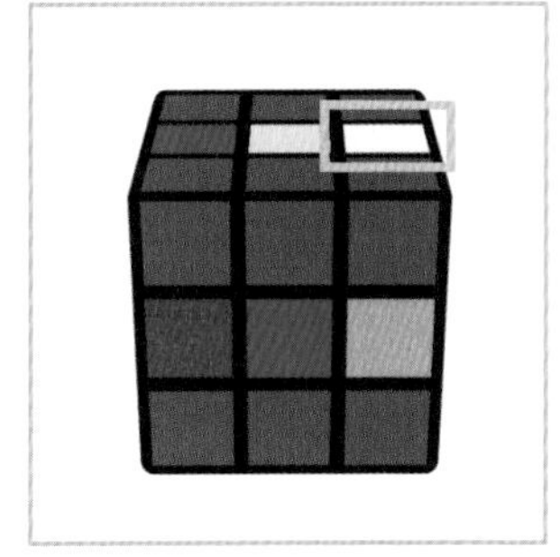

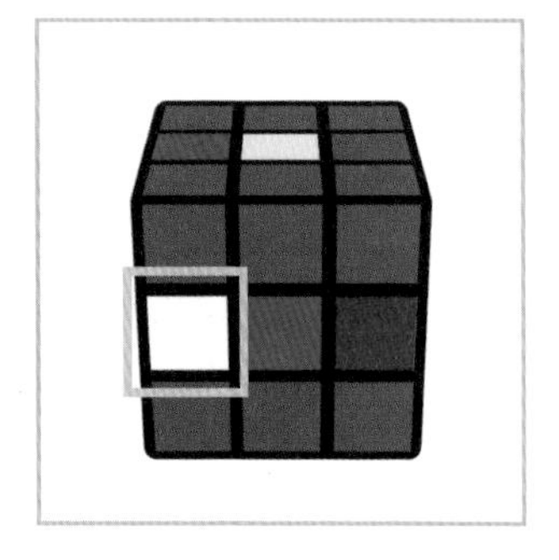
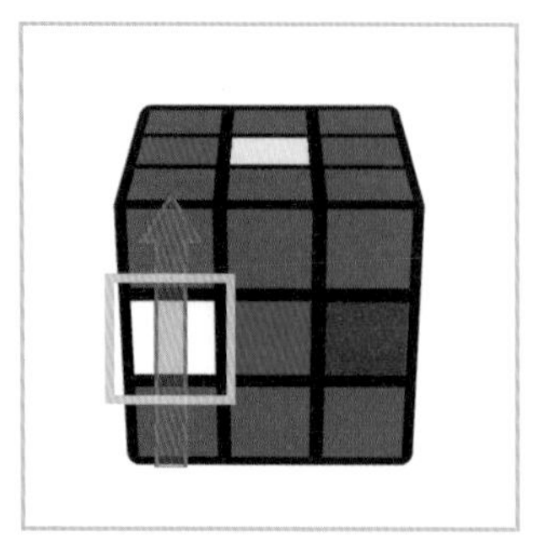

找到花瓣放在面前，右手 / 左手向上转，白色花瓣到顶层。

情况2：花瓣在底层时——旋转180°。

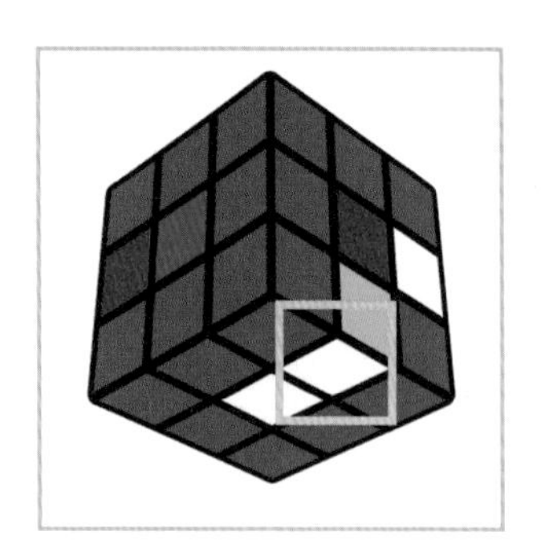

找到花瓣放在右手边，旋转两下（180°），白色花瓣到达顶层。

情况3：花瓣在底层或顶层位置不对时——前方右转 + 向上转。

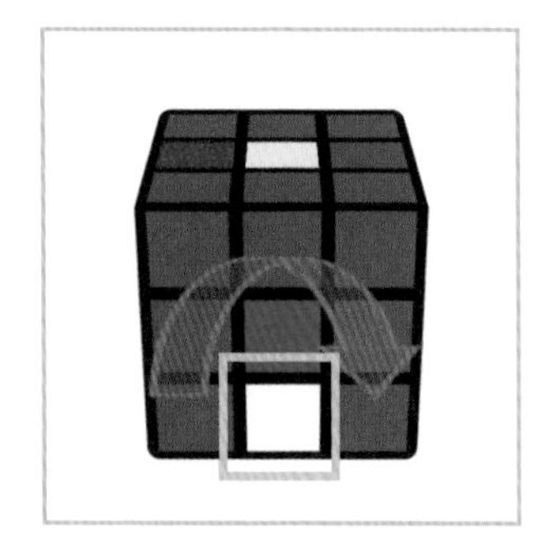
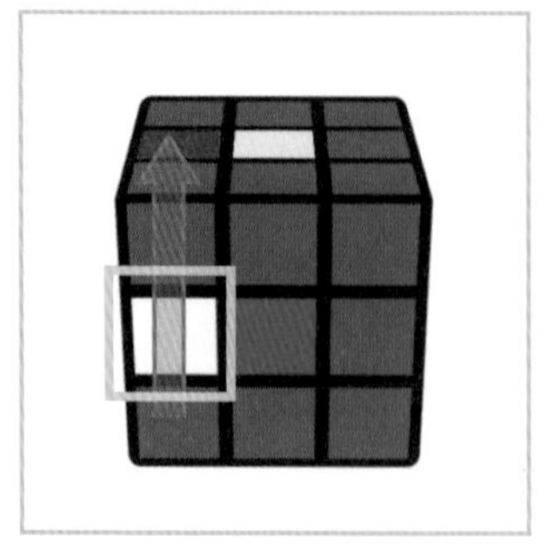

找到花瓣放在右手边，旋转两下（180°），白色花瓣到达顶层。

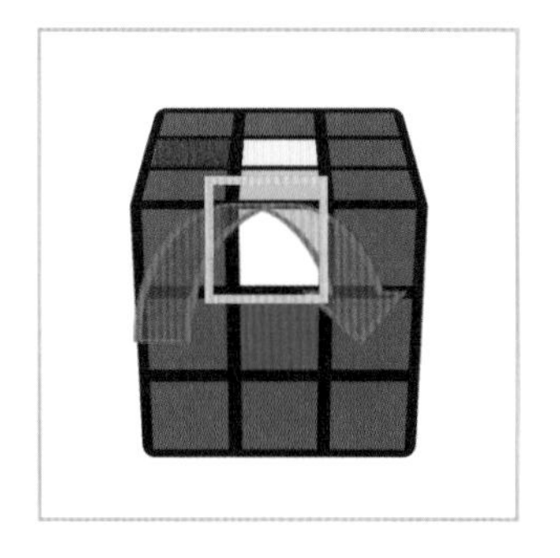

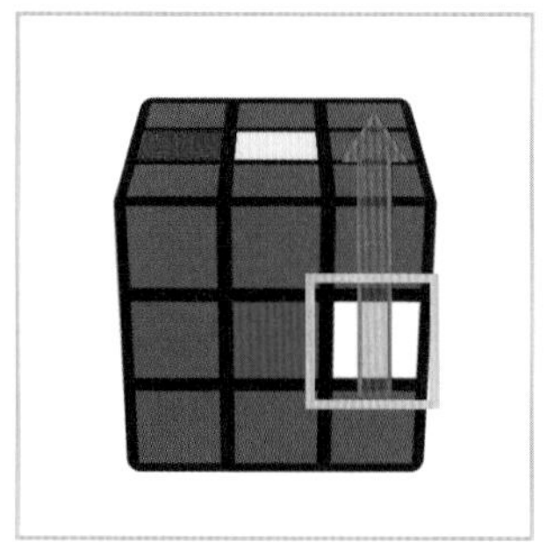

找到花瓣放在面前，前方顺时针向右转到达中层，就成了情况1。左手 / 右手向上转，白色花瓣到顶层。

特殊情况：花瓣被挡住时——谦让 + 向上转。

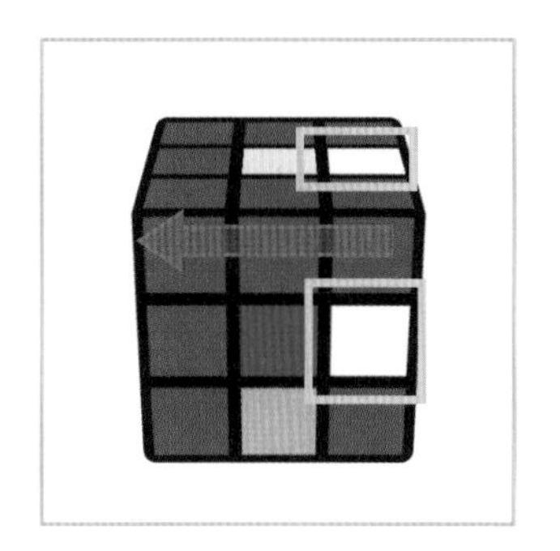

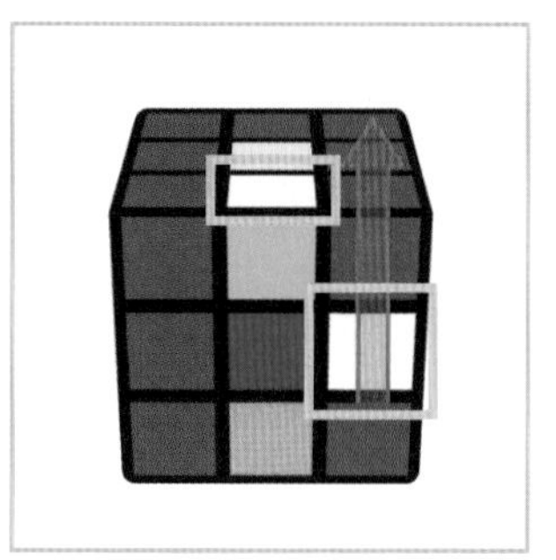

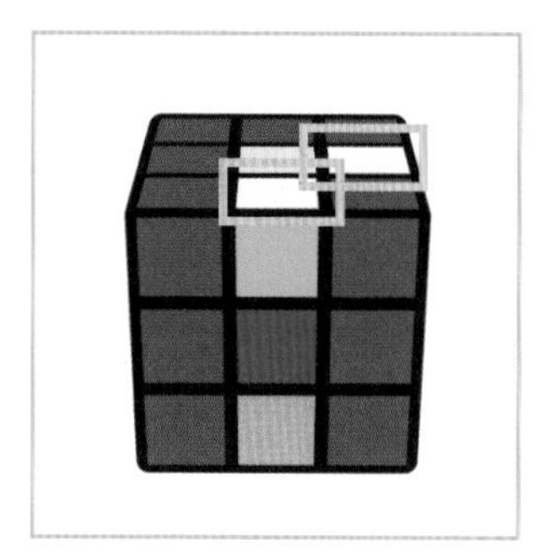

顶层有白色花瓣挡住时，顶层向左 / 向右谦让一下，然后白色花瓣向上转到顶层。

### C. 从黄色小花到白色十字

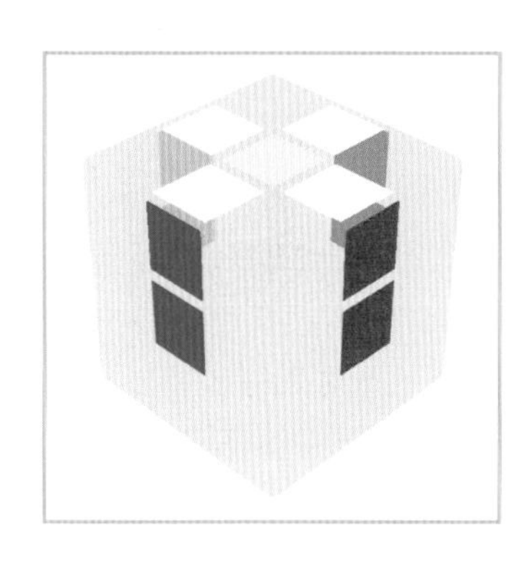

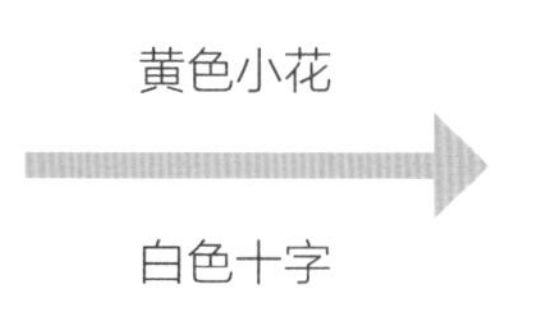


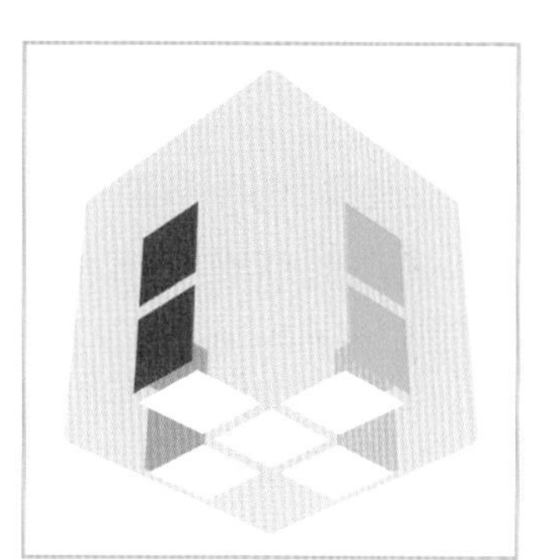

对齐旋转：找到花瓣并放在右手边，旋转下方两层，颜色对齐，旋转180°。

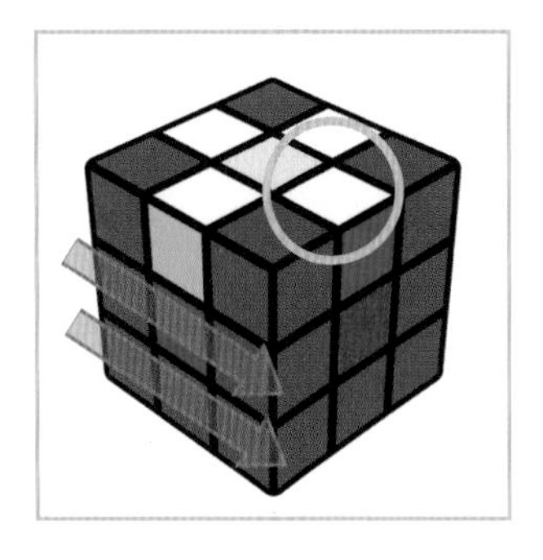

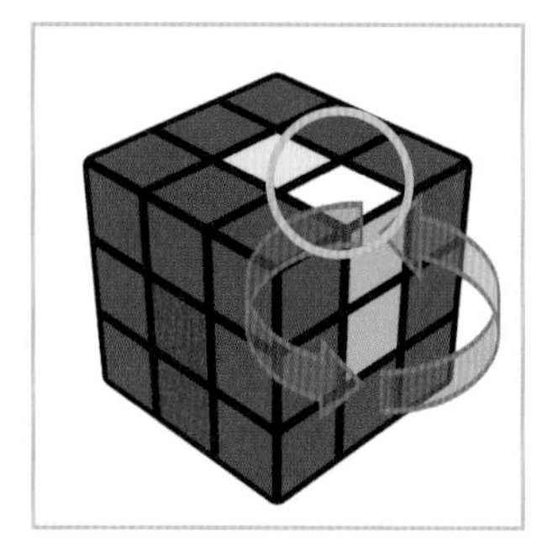

4个白色花瓣按照同样的方法，依次转动4次，完成白色十字。

### D. 复习小结

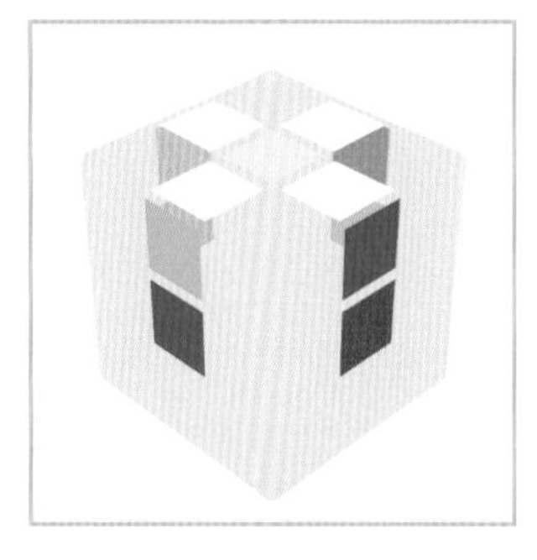

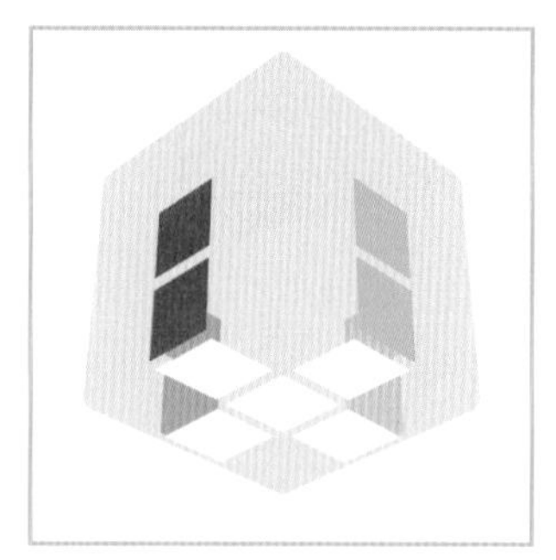

记住魔方的标准摆放，小花的黄色中心在最上方，白色中心在最下方。

找到白色花瓣，拼出黄色小花。颜色对齐，旋转两下（180°），完成白色十字。

Q：为什么必须颜色对齐才可以旋转180°呢？

A：在对好十字的前提下，我们要对齐侧面的颜色，这样棱块与中心块颜色一致，才能将白色十字的侧面旋转到正确的颜色。

# 第一层复原——开启三阶之门

### A. 任务目标

在白色底面拼出完整白色面，同时第一层红绿橙蓝4个角块颜色对齐。

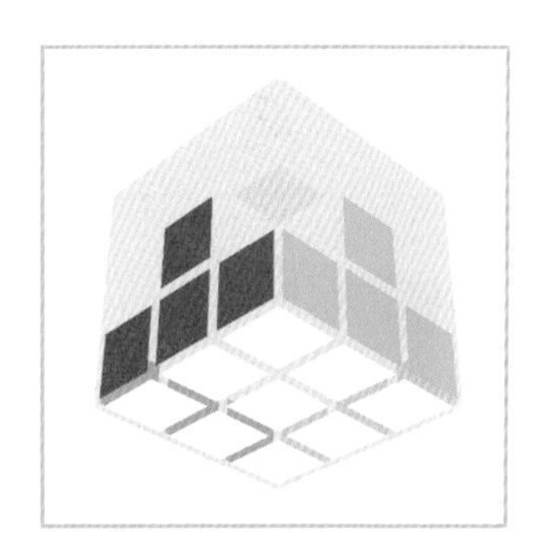

**至此，白色国王召集的4位白袍法师布下的十字结界已经完成。接下来需要4个骑士团归位，在四周守护结界，恢复白色王国领土。**

### B. 学习右手 / 左手手法

用右手转右面，被称为右手手法。

右手手法：上，左，下，右（R U R' U'）。

上 R

左 U

下 R'

右 U'

用左手转左面，被称为左手手法。

左手手法：上，右，下，左（L' U' L U）。

上 L'

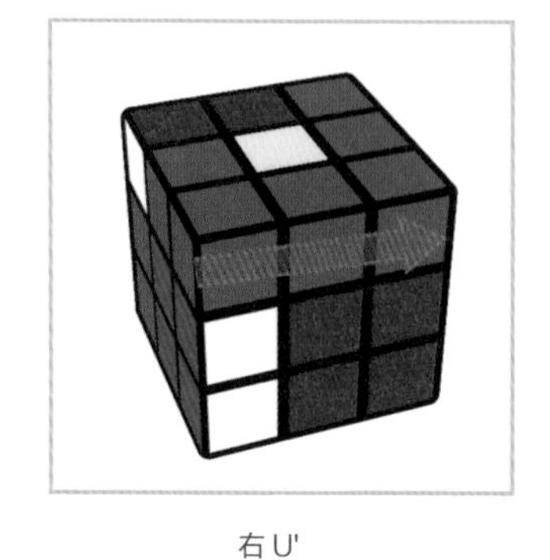

右 U'

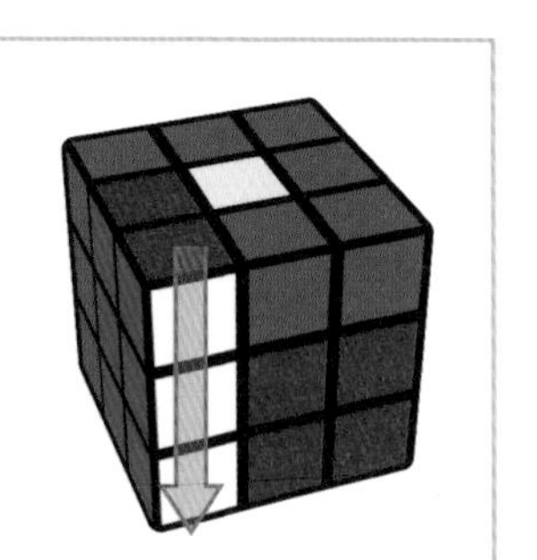

下 L

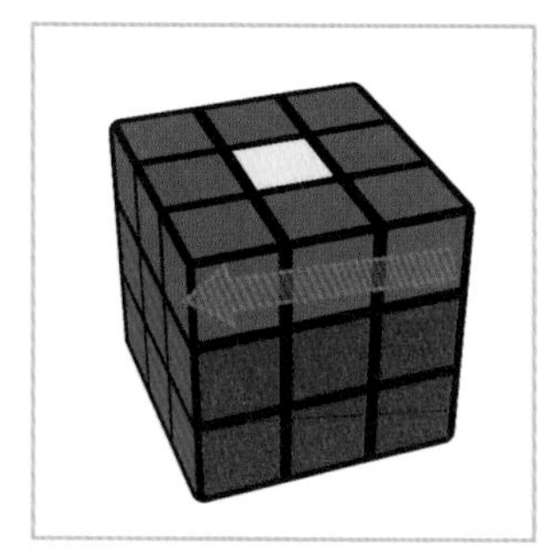

左 U

### C. 认识公式

| | |
|---|---|
| 右面向上 R = right face | 右面向下 R' |
| 上面向左 U = up face | 上面向右 U' |
| 左面向下 L = left face | 左面向上 L' |

公式中的字母默认是顺时针转，而带“'”的字母就是逆时针转。比如 R 代表右面顺时针转90°，R' 代表右面逆时针转90°。

公式中的字母加2就是转180°，比如 R2代表右面向上转180°，R'2代表右面向下转180°。180° 的顺时针和逆时针永远等效，因此 R2=R'2。

D. 拼出四个白色角块

在顶层找到任意的白色角块，移动魔方带白色面的角块放在右手边。找到白色角块后，找一找白色角块的家。

例如，角块白红蓝，他的家就在中心块白红蓝的中间。

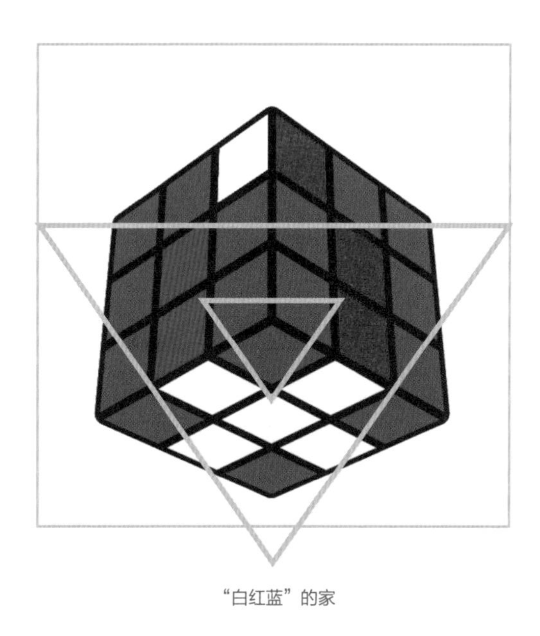

“白红蓝”的家

找找白蓝红角块的家。

找找白红绿角块的家。

如果颜色不正确，旋转下方两层对齐，使顶层白色角块找到家。

对齐

对齐

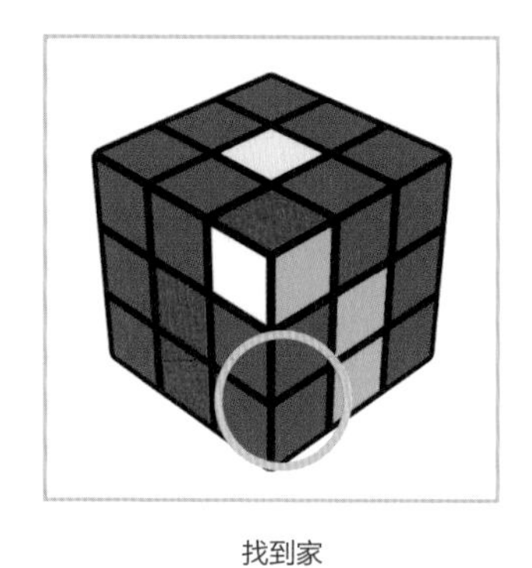
找到家

找到家之后，观察顶层白色角块，共有3种情况。

白色朝右

白色朝前

白色朝上

情况1：白色朝右——上，左，下（R U R'）。

白色角块对齐朝右

上R

左U

下R'

情况2：白色朝前——左，上，右，下（U R U' R'）。

白色角块对齐朝前

左U

上R

右 U'

下 R'

情况3：白色朝上——上，左左，下，右，上，左，下（R UU R' U' R U R'）。

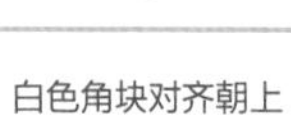

白色角块对齐朝上

上 R

左左 UU

下 R'

右 U'

上 R

左 U

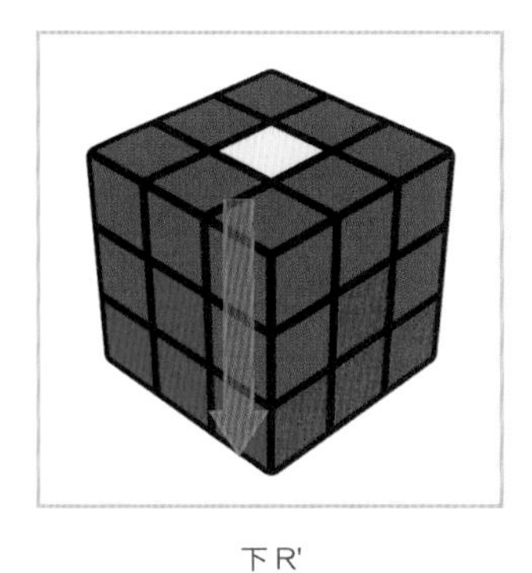
下 R'

仔细观察，完成公式“上左左下右”之后，魔方的状态转化为情况1：白色朝右。

公式的最后3步“上左下”就是针对情况1的公式。

所以我们只需要记忆“上左左下右”，就可以轻松记住这个长公式。

特殊情况：顶层找不到白色角块。

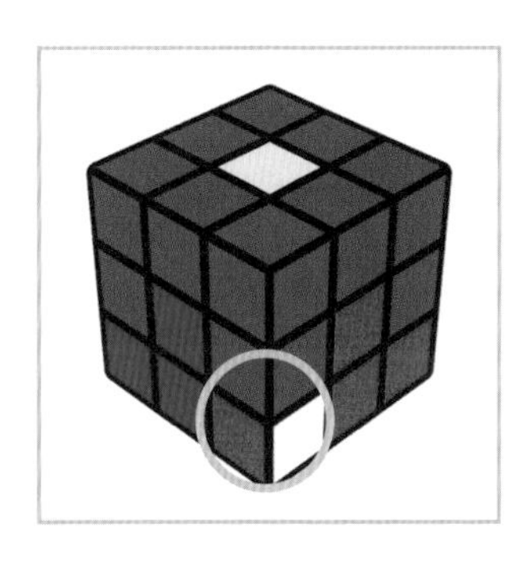

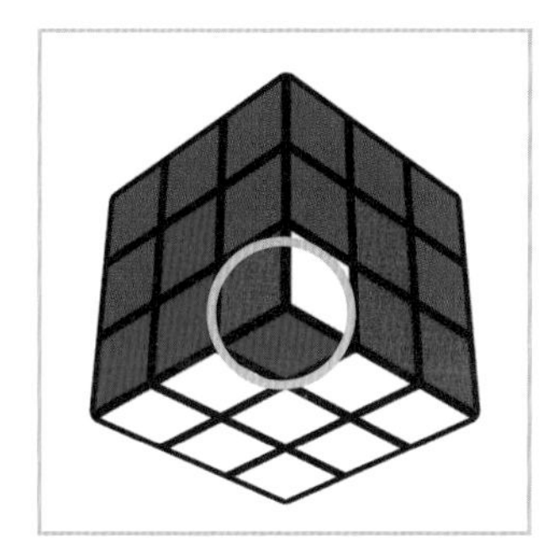

白色角块在第一层错位了——上，左，下（R U R'）。

将白色角块移动上来，转化为正常情况。

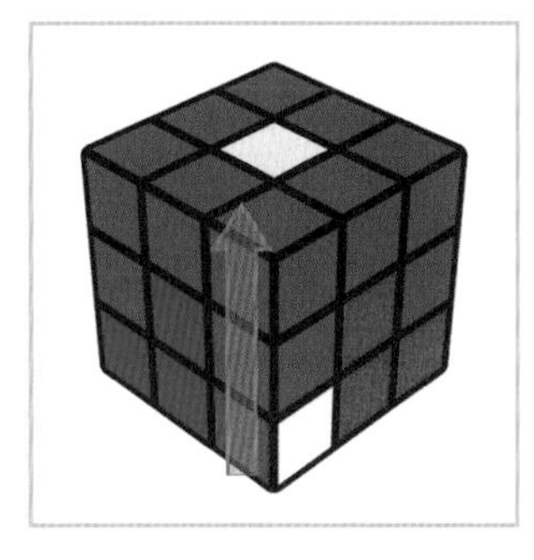
白色角块底层错位

上 R

左 U

下 R'
白色角块回到顶层

E 复习小结

白在右：上左下

白在上：上左左下右，上左下

白在前：左上右下

Q：为什么白色角块只有3种情况呢？

A：因为角块有3个颜色，对应3个方向就是3种情况。

## 第二层复原——里程碑式的突破

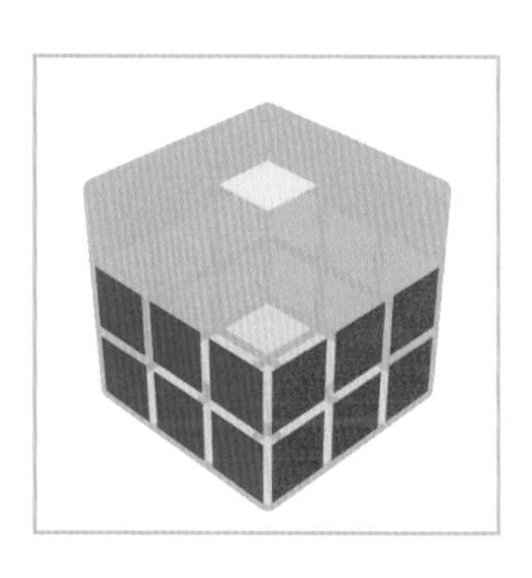

A. 任务目标

拼好中层，同时使红绿橙蓝4个棱块颜色对齐。

**白色王国领土已经完全恢复，接下来要尽快找到4组中立的法师联盟。**

B. 寻找目标块

Q：第二层的棱块有什么共同点?

A：仔细观察，第一层每一面都是白色，已经复原；第三层最终顶面全是黄色；第二层的每一块既没有黄色也没有白色。

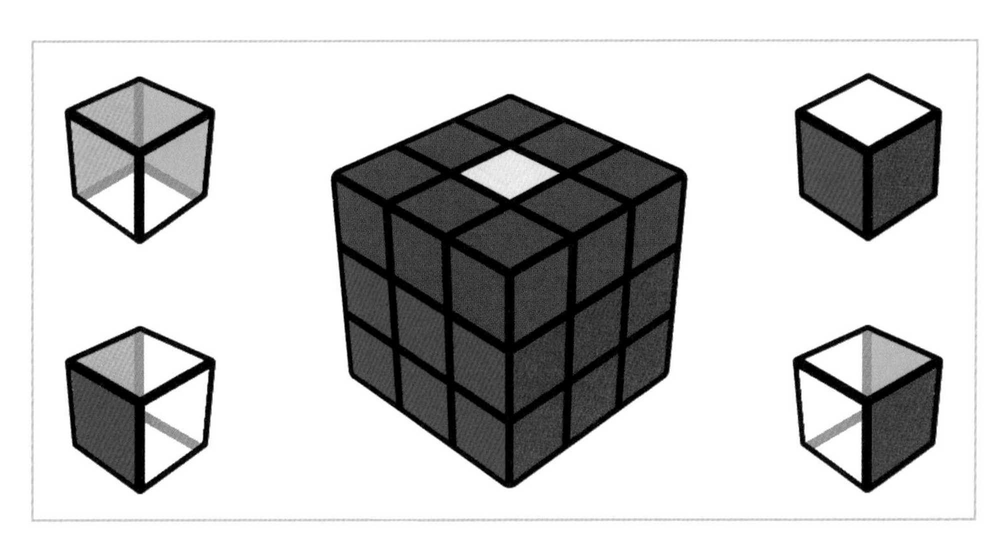

目标块：中层的目标块就是不带黄色的棱块。

下面的目标块哪个是可以选择的?

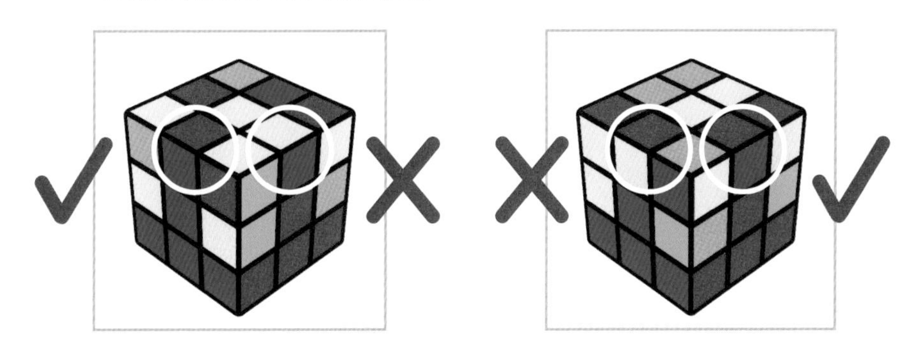

C. 完成第二层

找到任意的不带黄色的棱块，运用对齐的手法，使其对齐成倒“T”型。

对齐

对齐

倒 T

然后，使用中心块颜色定位找到棱块的家。

Q：目标棱块回家会有哪些情况?

A：2种情况，去左边和去右边。

棱块去右边

棱块去左边

情况1：棱块去右边——顶层远离，右手手法（左转体），左手手法。

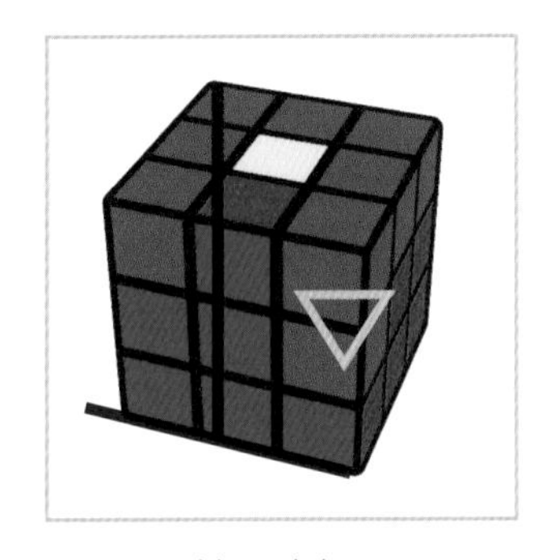
倒 T 面向自己

远离 U

上 R

左 U

下 R'

右 U'

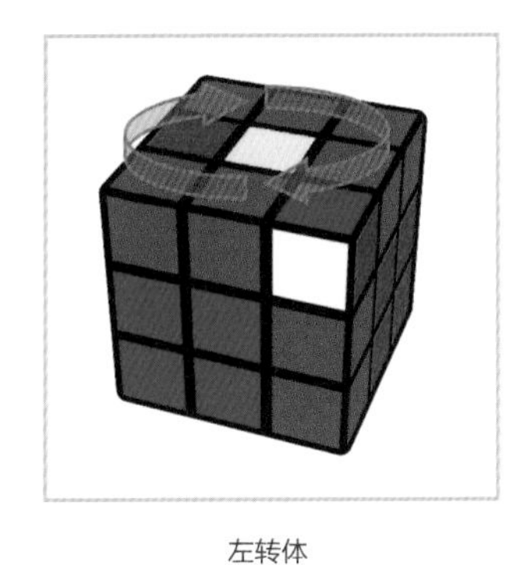
左转体

上 L'

右 U'

下 L

左 U

情况2：棱块去左边——顶层远离，左手手法（右转体），右手手法。

倒 T 面向自己

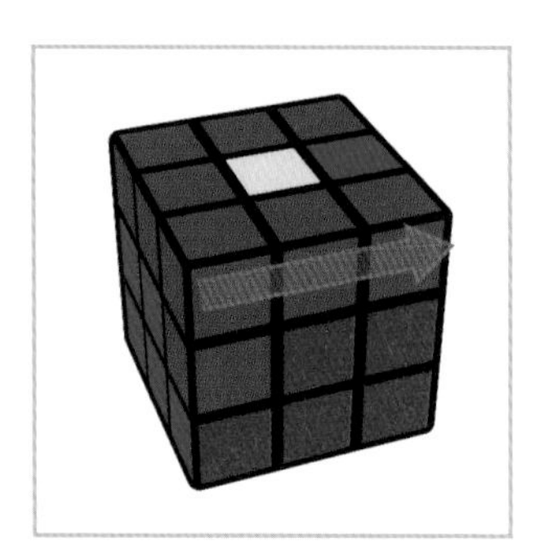

远离 U'

上 L'

右 U'

下 L

左 U

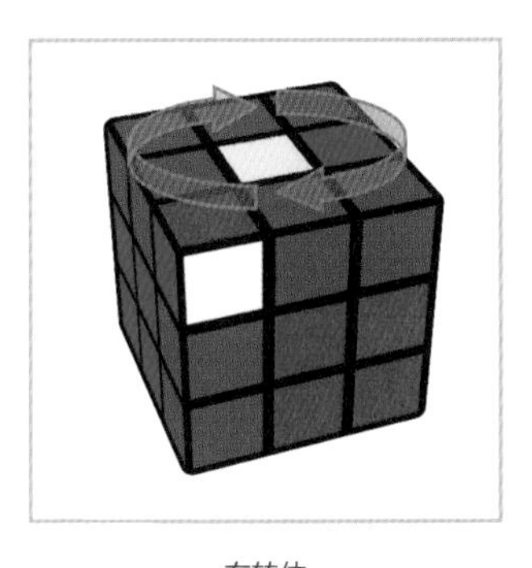

右转体

上 R

左 U

下 R'

右 U'

特殊情况：顶层4个棱块都有黄色面，第二层棱块并未复原。

运用黄色棱块去左边 / 右边公式置换，移动出来错误棱块，转化为正常情况。

四个黄色棱块特殊情况

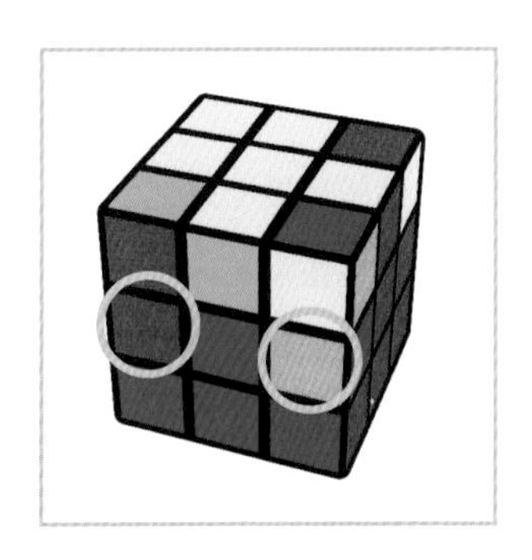

对黄绿块运用公式

将蓝橙块换上来

左远离

右手手法

左转体

左手手法

蓝橙置换出来
黄绿置换进去
转为正常情况
按照公式完成

D. 复习小结

目标棱块向右

左远离 + 右手手法

左转体 + 左手手法

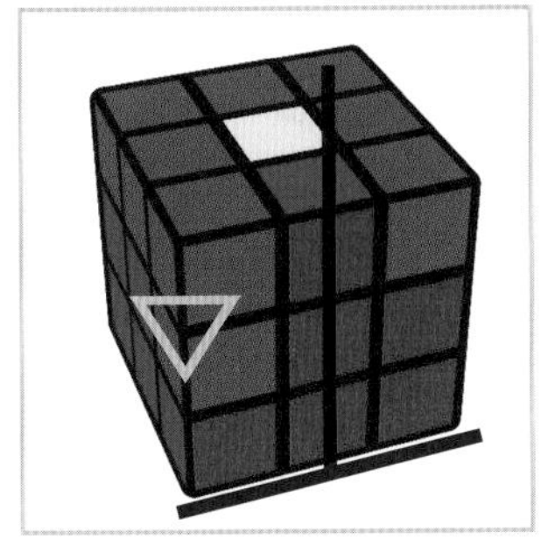
目标棱块向左

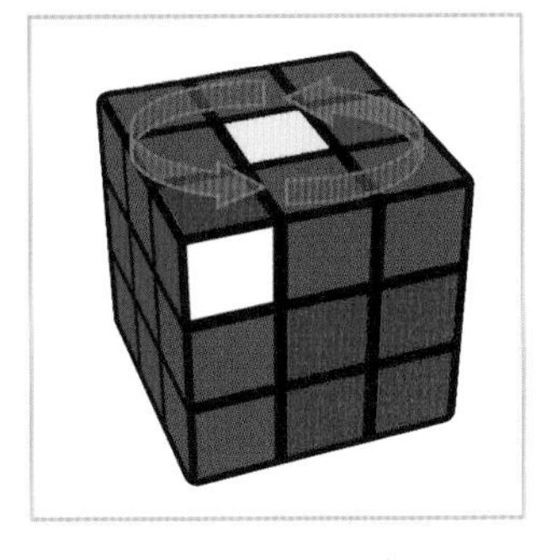
右远离 + 左手手法

右转体 + 右手手法

Q：为什么会出现特殊情况呢？

A：特殊情况是第二层棱块恰好卡错位了，颜色和方位是错误的。

运用去左边 / 右边公式先置换出来错误棱块，再按照同样的公式放进去。

## 顶层十字复原——小有成就

### A. 任务目标

拼好顶层黄色十字。

**合并趋势已经出现，同样的，黄色国王要求法师开始组建十字法阵。**

### B. 学习新的手法

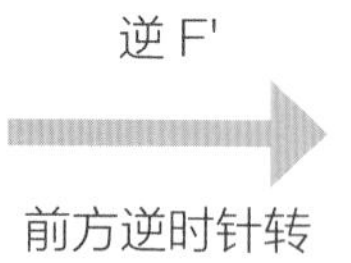

前方顺时针转，顺 F=frontface。

前方逆时针转，逆 F'。

## C. 完成黄色十字

只需观察顶层的黄色棱块，注意不看角块只看棱块，棱块总共有3种图案。

横线一字

点

拐弯9点

情况1：横线一字——调整位置。

情况1：横线一字——顺，右手手法，逆（F RUR'U' F'）。

（横线方向）顺 F

上左下右 RUR'U'

逆 F'

十字完成

情况2：拐弯9点——调整位置。

情况2：拐弯9点——顺，右手手法2次，逆【F（RUR'U'）2 F'】。

（9点方向）顺F

上左下右2次（RUR'U'）2

逆F'

十字完成

情况3：点——任意方向。

情况3：点——顺，右手手法2次，逆，（横线一字），顺，右手手法，逆【F（RUR'U'）2 F'（横线一字）F RUR'U' F'】。

（任意方向）顺 F

上左下右2次（RUR'U'）2

逆 F'

（横线一字）

顺 F

上左下右 RUR'U'

逆 F'

十字完成

细心观察：点 = 拐弯9点 + 横线一字。

我们只需记住“点”和“拐弯9点”开始是一样的，就可以轻松记住这个长公式。

### D. 顶层情况汇总

仔细观察棱块，这些都是“点”。

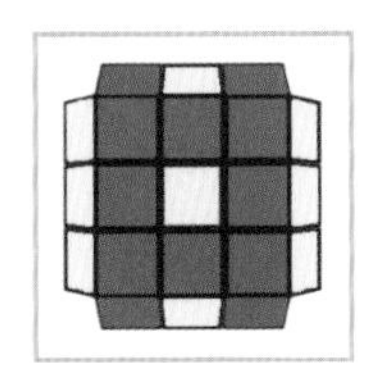
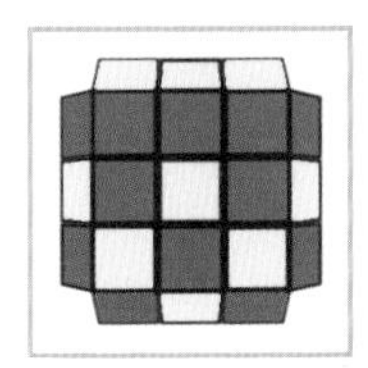
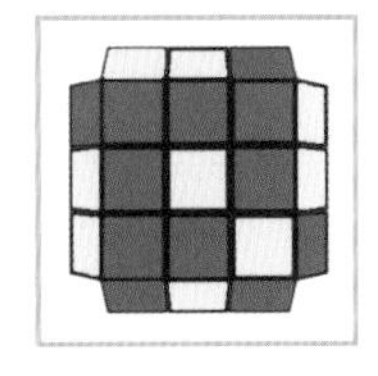

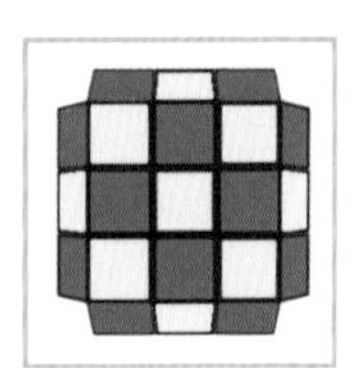

仔细观察棱块，这些都是“拐弯9点”。

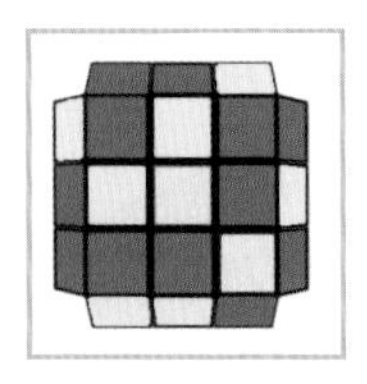  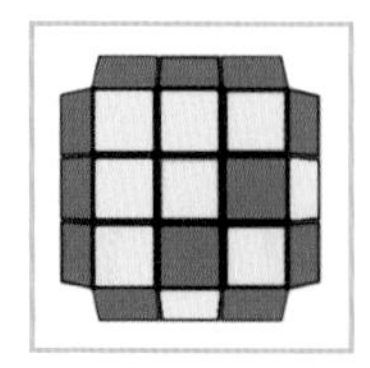 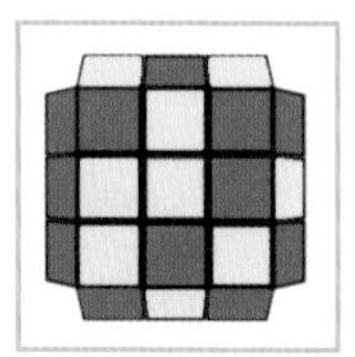 

仔细观察棱块，这些都是“横线一字”。

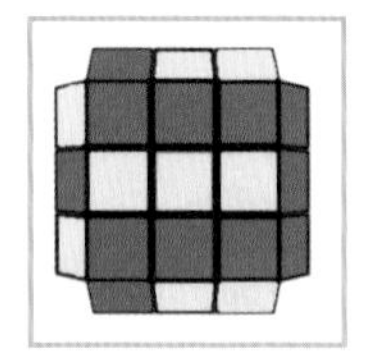  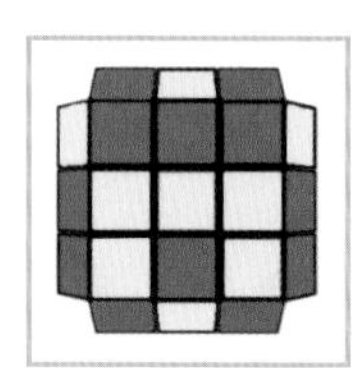  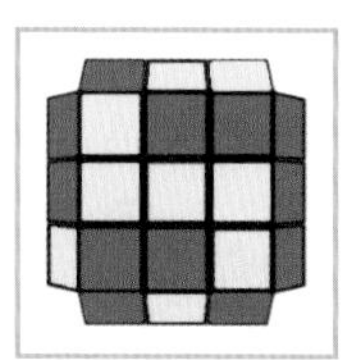

## E. 复习小结

|  |  |  |
| --- | --- | --- |
| 横线一字 | 点 | 拐弯9点 |
|  |  |  |
| 顺，右手手法，逆 | 顺，右手手法2次，逆 | 顺，右手手法2次，逆 |
| | （横线一字） | |
| | 顺，右手手法，逆 | |

Q：遇到这3种之外的情况怎么办呢?

A：事实上，顶层不会出现这3种之外的情况。

如果遇见其他情况，需要再细心观察一下，检查之前的步骤是否正确。

如果直接就出现十字，那么祝贺你的好运气。

## 顶面复原——举一反三

A. 任务目标

完全拼好黄色顶面。

**骑士团守住边疆，完全收复黄色国家的领土。**

B. 顶面黄色角块情况

2个黄色面没好

3个黄色面没好

4个黄色面没好

顶面黄色十字复原正确的时候，不存在1个黄色面没好的情况。

只可能存在2个、3个、4个黄色面没好的情况。

C. 2个小鱼公式

首先我们针对3个黄色面没好的情况，分别给出2个小鱼公式。

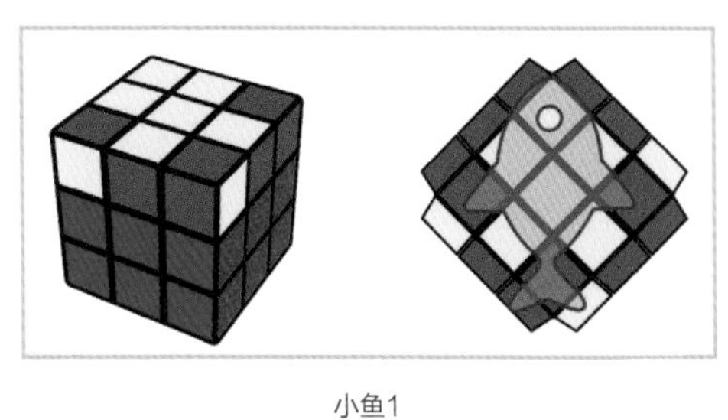

小鱼1

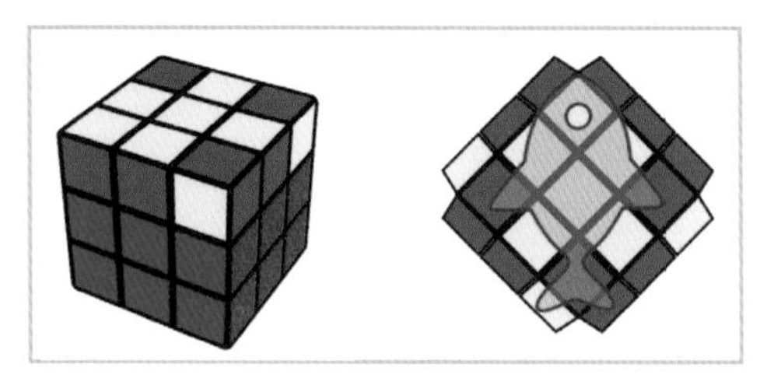

小鱼2

Q：如何判断小鱼1和小鱼2呢?

A：左1右2。

无论怎么旋转 / 摆放，侧面的黄色在左边，就是小鱼1。

无论怎么旋转 / 摆放，侧面的黄色在右边，就是小鱼2。

小鱼1：小鱼冒泡，鱼头向左上——下，右，上，右，下，右右，上（R' U' R U' R' U'U' R）。

鱼头在左上角

下 R'

右 U'

上 R

右 U'

下 R'

右右 U'U'

上 R

黄色顶面完成

小鱼2：小鱼潜水，鱼头向左下——上，左，下，左，上，左左，下（R U R' U R UU R'）。

鱼头在左下角

上 R

左 U

下 R'

左 U

上 R

左左 UU

下 R'

黄色顶面完成

D. 二碰四不碰

Q：遇到其他情况该怎么做？ 2个黄色面没好或者4个黄色面没好？

A：二碰四不碰。

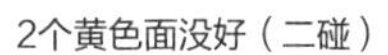
2个黄色面没好（二碰）

4个黄色面没好（四不碰）

二碰：2个黄色面没好，调整位置，左手大拇指需要碰到前方左边的黄色面。

四不碰：4个黄色面没好，调整位置，左手大拇指不能碰到前方左边的黄色面。

二碰，哪个情况摆放是正确的？

四不碰，哪个情况摆放是正确的？

二碰：小鱼2+ 判断情况，调整位置 + 小鱼1/ 小鱼2。

调整位置做小鱼2

判断情况为小鱼1

调整位置做小鱼1

黄色顶面完成

四不碰：小鱼2+ 判断情况，调整位置 + 小鱼1/ 小鱼2。

调整位置做小鱼2

判断情况为小鱼2

调整位置做小鱼2

黄色顶面完成

“二碰四不碰”的第一步都是小鱼2，然后判断情况调整位置，完成小鱼1/ 小鱼2。

## E. 十字完成的7种情况

小鱼1

小鱼2

二碰

二碰

二碰

四不碰

四不碰

## F. 复习小结

小鱼1冒泡，鱼头向左上

下右上右，下右右上

小鱼2潜水，鱼头向左下

上左下左，上左左下

二碰

四不碰

二碰四不碰：小鱼2+ 判断情况，调整位置 + 小鱼1/ 小鱼2

Q：如何快速记住两个小鱼公式？

A：记住右手手法“上左下右”就可以了，分别对应小鱼2/ 小鱼1。

“上左……”开始是小鱼2，“下右……”开始是小鱼1。

# 顶层角块复原——会当凌绝顶

A. 任务目标

顶面 ,4个黄色的角块正确归位。

**4个骑士团正确归位，连接黄色国家与红绿橙蓝四国的通路。**

B. 学习新的手法

顶面4个黄色的角块正确归位。

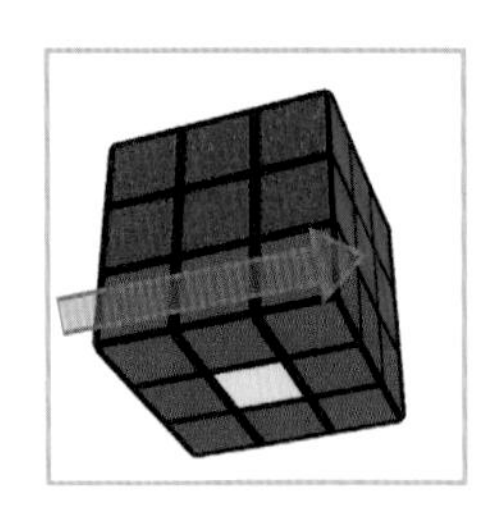

底层顺时针转

D= down face

底右

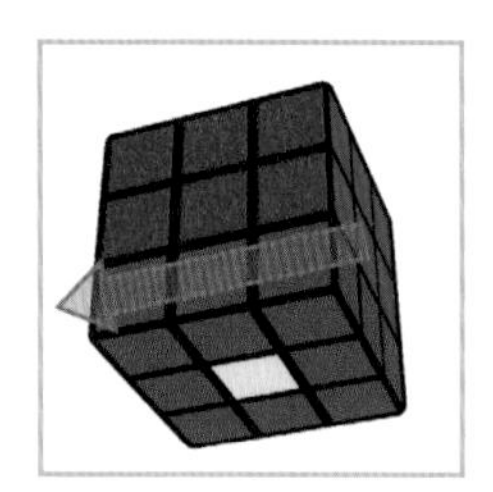

底层逆时针转

D'

底左

C. 捉迷藏公式

首先找到2个相同颜色的角块，放在右手边。

红蓝

蓝蓝

绿蓝

注意，这是三阶魔方复原中唯一的黄色面不朝下，而是黄色面朝自己的情况。

黄色面朝自己，2个相同颜色的角块放在右手，做捉迷藏公式。

捉迷藏——上二，底二，下，右，上，底二，下，左，下（R2 D2 R' U' R D2 R' U R'）。

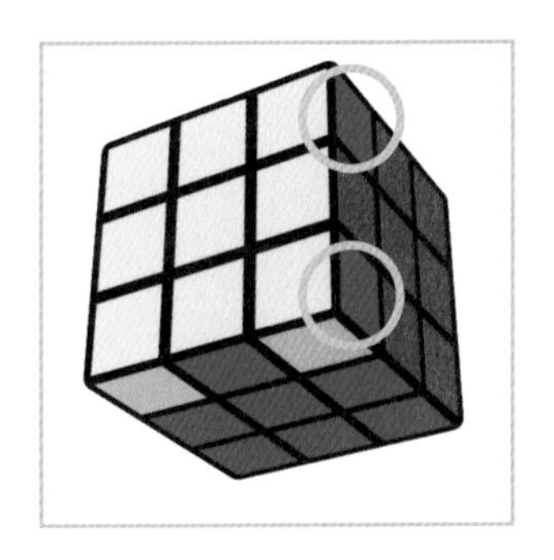

黄朝自己，同色在右

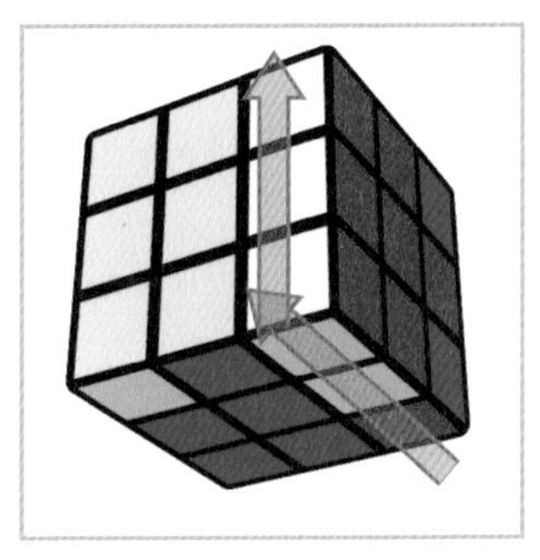

上二 R2

底二 D2

下 R'

右 U'

上 R

底二 D2

下 R'

左 U

下 R'

记忆：捉迷藏故事

a. 上二底二：皇上的魔方右侧形成白色 L，L 联想到小林，她和朋友在玩捉迷藏。

b. 下右上：小林藏到了床下，朋友去房间右边找到了小林，并将小林拉上来。

c. 底二：小林和朋友手拉手开心地在地面转了一圈。

d. 下左下：小林和朋友一起下楼，朋友去左边，小林去下方。

特殊情况：4边都没有相同颜色的角块。

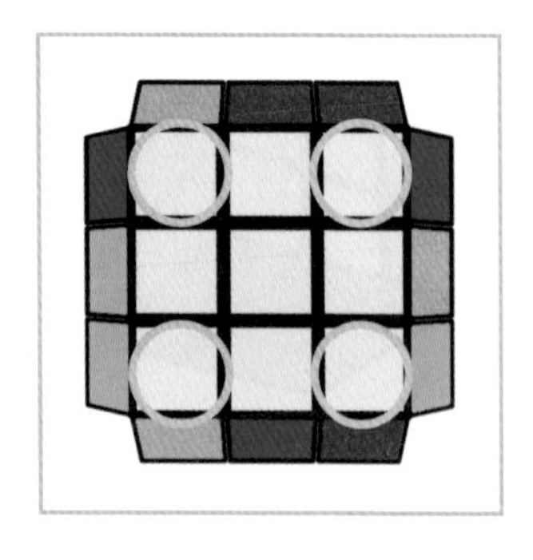

任意方向做一遍捉迷藏公式，就会出现2个同色角块，转化为正常情况。

黄朝自己，任意方向

捉迷藏公式

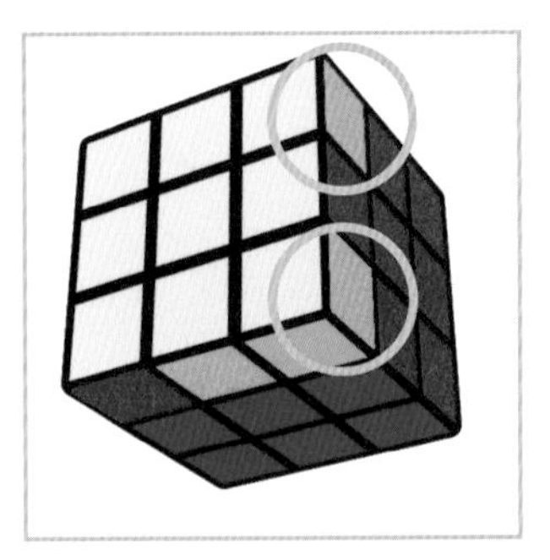

黄朝自己，同色在右

捉迷藏公式

完成

角块归位

### D. 复习小结

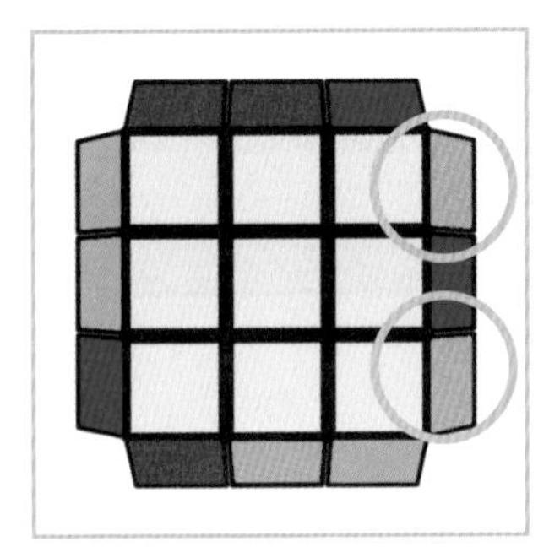

捉迷藏——上二，底二，下，右，上，底二，下，左，下。

Q：捉迷藏公式最独一无二的特点是什么？

A：在基础层先法中，捉迷藏公式是唯一的黄色面朝向自己完成的公式。其他的公式是白色朝下，黄色朝上。

# 三阶魔方复原——巅峰之战

A. 任务目标

最终的胜利，完全复原魔方。

**恢复方星球秩序，重归六国的和平。**

B. 学习新的手法

数一数错误的棱块。

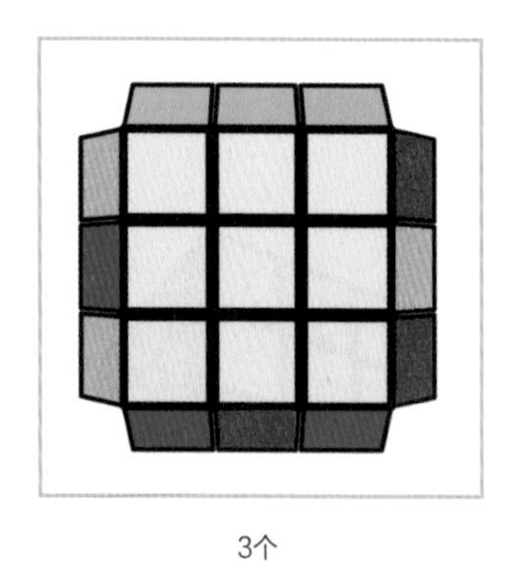

3个

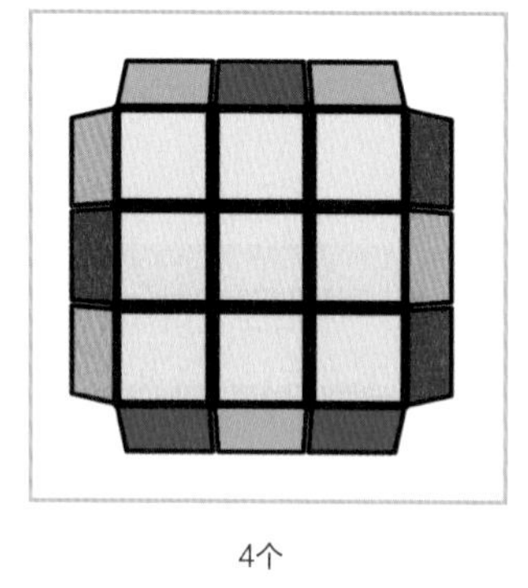

4个

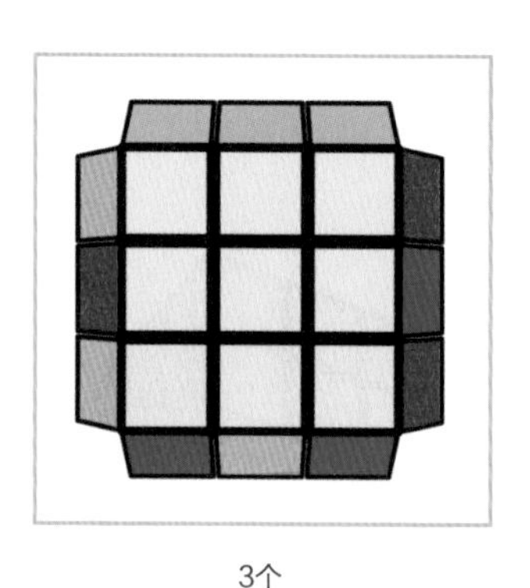

3个

C. 完成顶层棱块复原

3个错误棱块，复原面放在最后面，判断中间棱块去右还是去左。

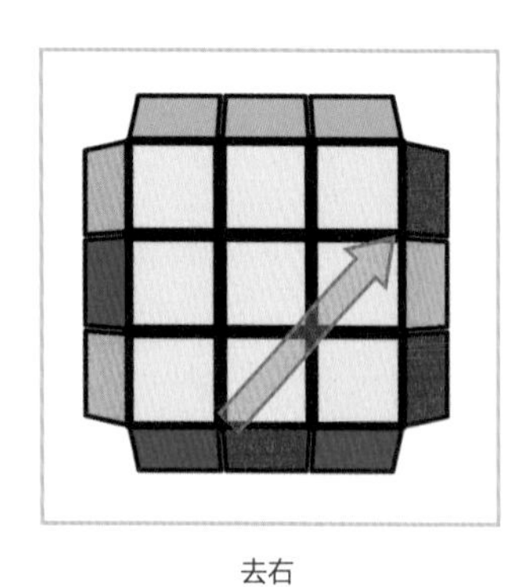

去右

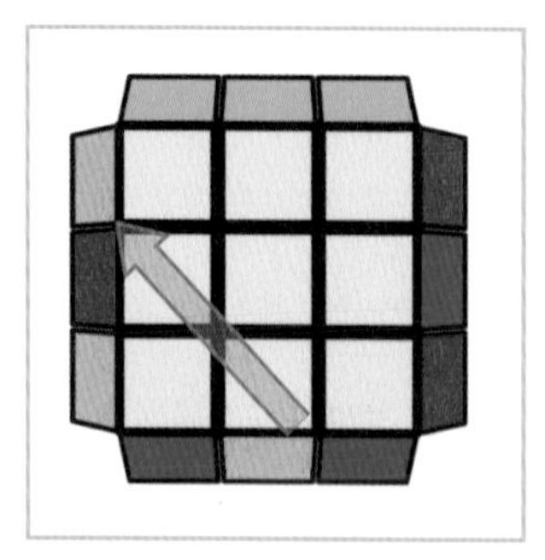

去左

情况1：中间棱块去右，魔方整体翻转180°，复原面对着自己，小鱼1+ 小鱼2。

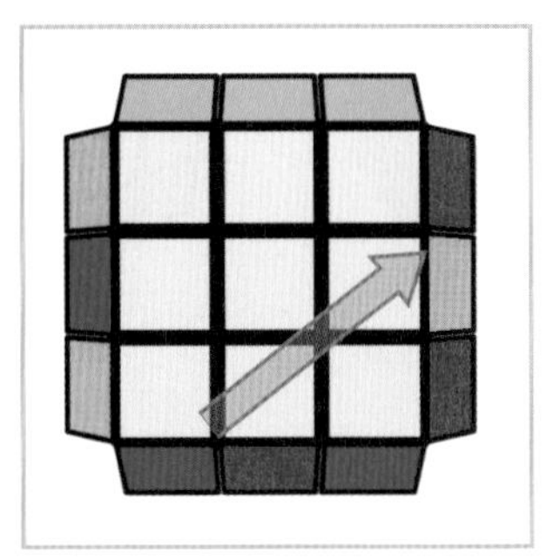

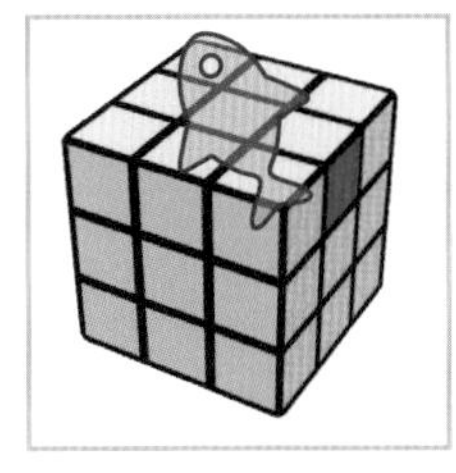

先做小鱼1
（下右上右，下右右上）

变为小鱼2调整位置

再做小鱼2
（上左下左，上左左下）

魔方复原

情况2：中间棱块去左，保持原样不做翻转，复原面在最后面，小鱼2+ 小鱼1。

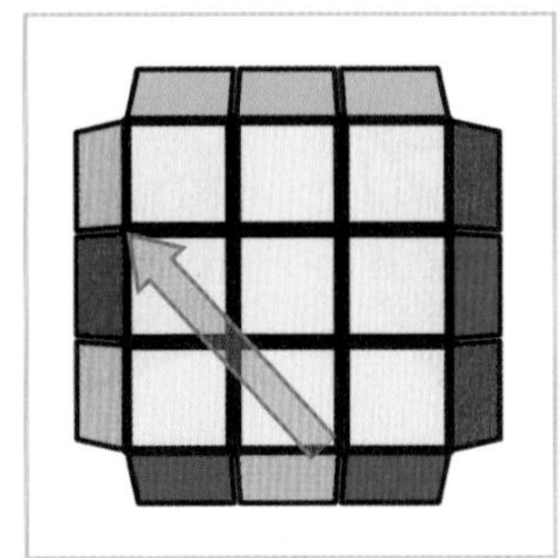

先做小鱼2
（上左下左，上左左下）

变为小鱼1调整位置

再做小鱼2
（上左下左，上左左下）

魔方复原

特殊情况：4个错误棱块，小鱼1+ 小鱼2。

任意方向朝向自己，小鱼1+ 调整位置 + 小鱼2。

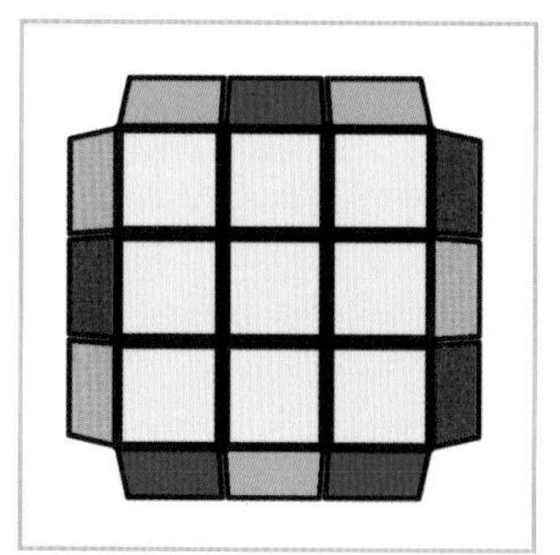

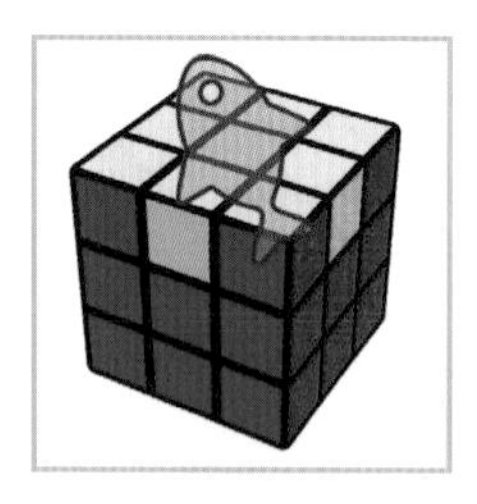
先做小鱼1
（下右上右，下右右上）

变为小鱼2调整位置

再做小鱼2
（上左下左，上左左下）

变为三棱错转化为
正常情况

D. 复习小结

数一数错误的棱块。

去右

魔方整体翻转180°，复原面对着自己，小鱼1+ 调整位置 + 小鱼2。

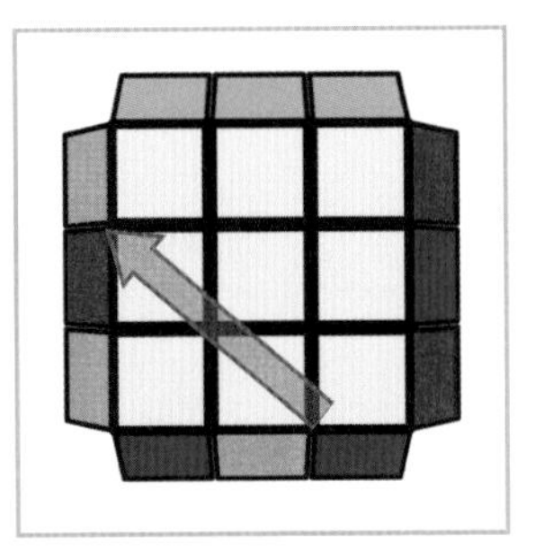
去左

保持原样不做翻转，复原面在最后面，小鱼2+ 调整位置 + 小鱼1。

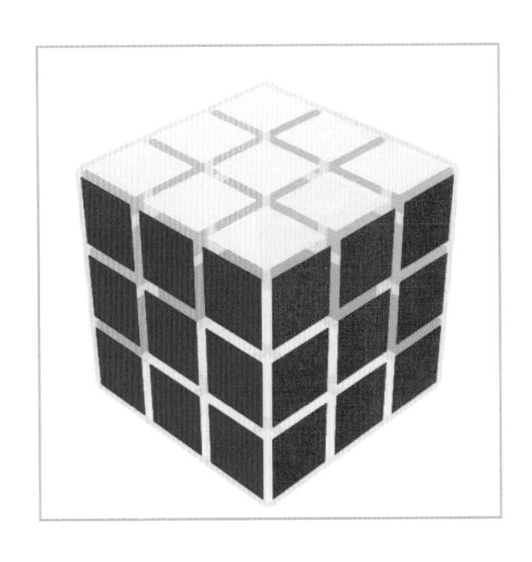
恭喜获得胜利

完全复原魔方

<复原的面对着自己>

棱块去右：
小鱼1+小鱼2

<复原的面放在后面>

棱块去左：
小鱼2+小鱼1

四棱错：小鱼1+小鱼2

特殊情况：

没有两角同色
做一次做迷藏

<黄色面向自己 两角同色在右>

捉迷藏：
上二底二 下右上 底二 下左下

四不碰：小鱼2+小鱼1/2

二碰：小鱼2+小鱼1/2

**魔奥三阶魔方**

小鱼2：上左下左 上左左下

小鱼1：下右上右 下右右上

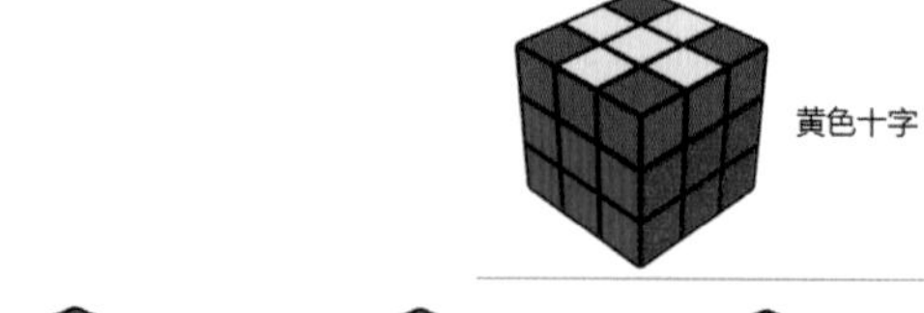

黄色十字

拐弯9点+横线一字

顺 右手手法2次 逆

顺 右手手法 逆

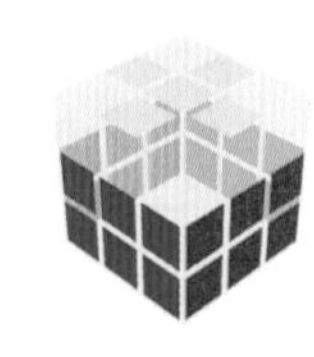

右手手法：上左下右
左手手法：上右下左

黄色小花 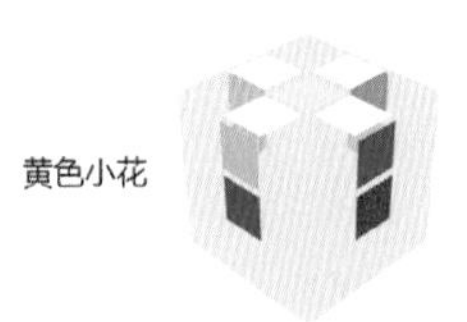 同色翻转 180°  白色十字 

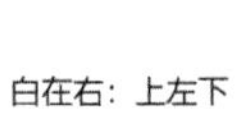

白在右：上左下  特殊情况：上左下 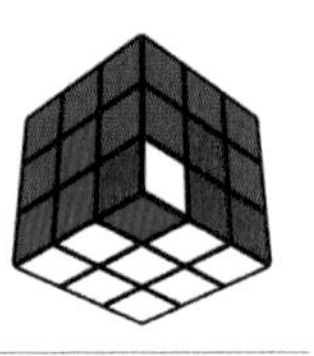

白在前：左上右下 

白在上：上左左下右 上左下 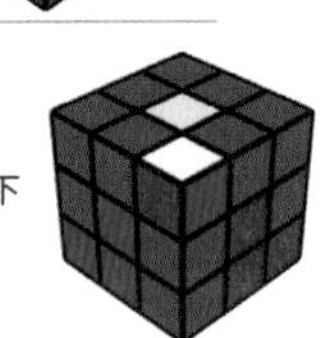

棱块去右边：顶层远离 右手手法 左转体 左手手法 

棱块去左边：顶层远离 左手手法 右转体 右手手法 

特殊情况：将任意一个黄色棱块换到中间位置 

顺：前面顺时针
逆：前面逆时针

# 二阶魔方详解

## 二阶魔方结构

Q：仔细观察，看看三阶魔方和二阶魔方有什么不同？

A：二阶魔方没有中心块和棱块，只有8个角块。

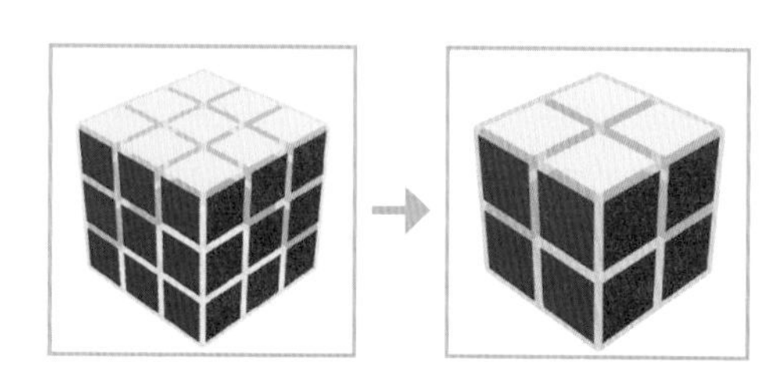

二阶的复原，相当于将三阶的棱块、角块公式全部去掉。角块的相对位置永远不变，相近的颜色是相对的：红橙相对，绿蓝相对，白黄相对。

## 二阶魔方复原思路

二阶层先法，是将魔方分为2层：底层和顶层分层复原。

二阶层先法比三阶更加简单，复原魔方只要分为3步即可。

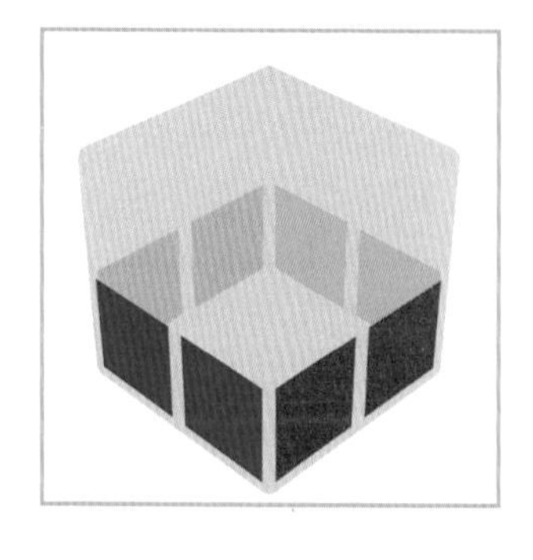

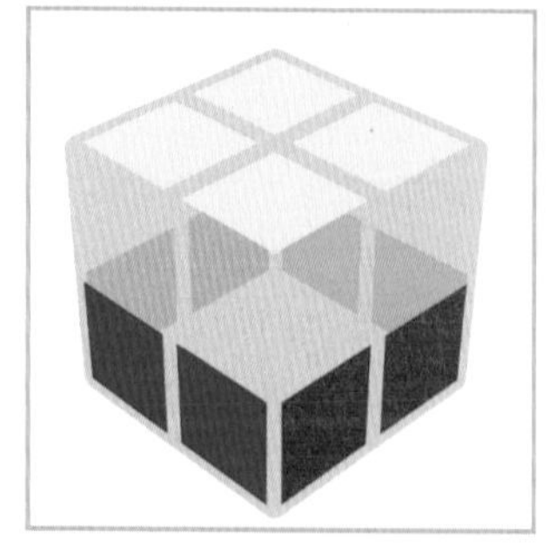

## 二阶第一层——简单易上手

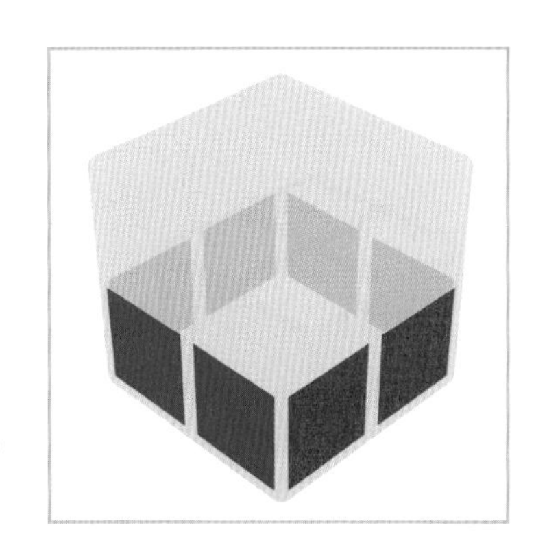

A. 任务目标

确定相对位置，完成白色底面，同时红绿橙蓝4个颜色对齐。

**四大骑士团合并为方形圣殿骑士团，联合恢复白色国家领土。**

B. 二阶定位复原

Q：二阶魔方没有中心块，如何给魔方定位？

A：任选一个白色角块为底面来定位。

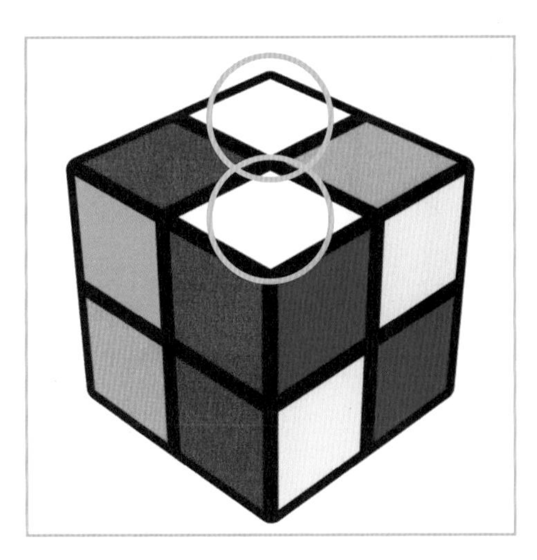

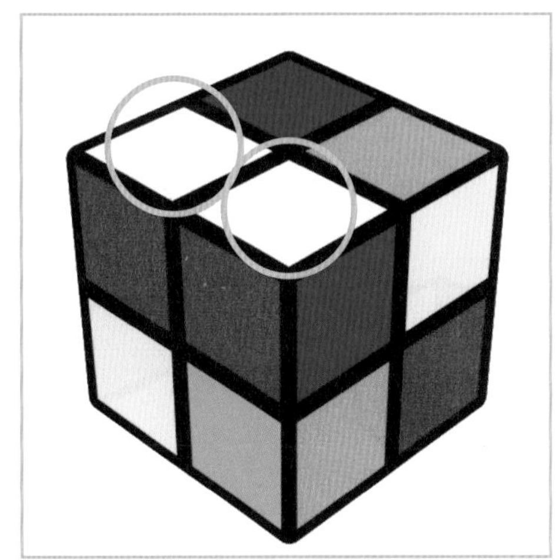

复习一下，白色面朝下，黄色面朝上。二阶魔方的顺序颜色分别为红绿橙蓝。最终4个角块的颜色顺序分别为红绿、绿橙、橙蓝、蓝红。

C. 完成白色底面

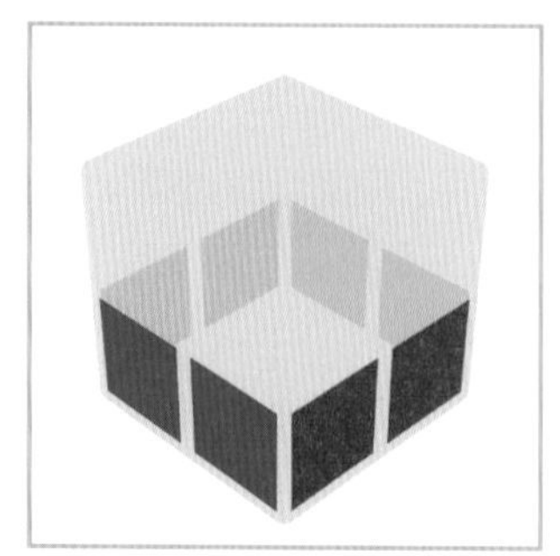

用任意一个白色角块定位之后，优先寻找与其相邻颜色的角块。

以白红蓝块为底面，左侧最终应为白蓝橙，右侧最终应为白红绿。

白色为底，最终侧面是相同颜色组合在一起。

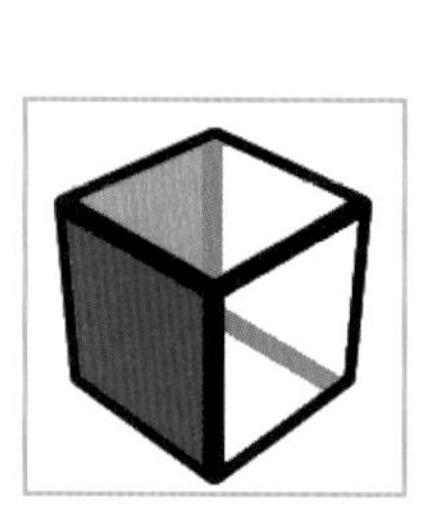

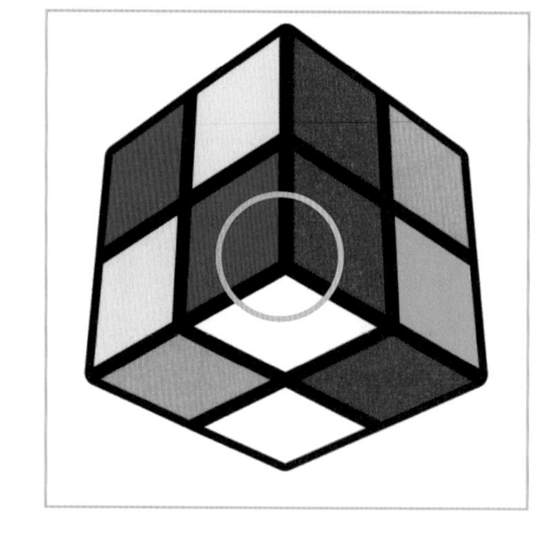

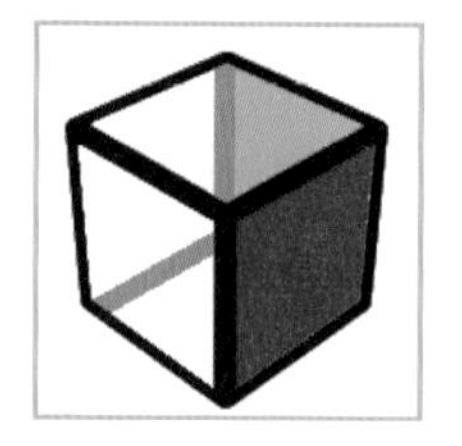

与三阶相似的做法，优先找到顶层白色目标块的家。

以白红蓝定位底面，顶层目标块如果为白蓝橙，家就在底层白红蓝的左侧。

以白红蓝定位底面，顶层目标块如果为白红绿，家就在底层白红蓝的右侧。

以白红蓝定位底面，顶层目标块如果为白绿橙，家就在底层白红蓝的对面。

示例：以白红蓝定位，顶层目标块如果为白蓝橙，家在底层白红蓝左侧。

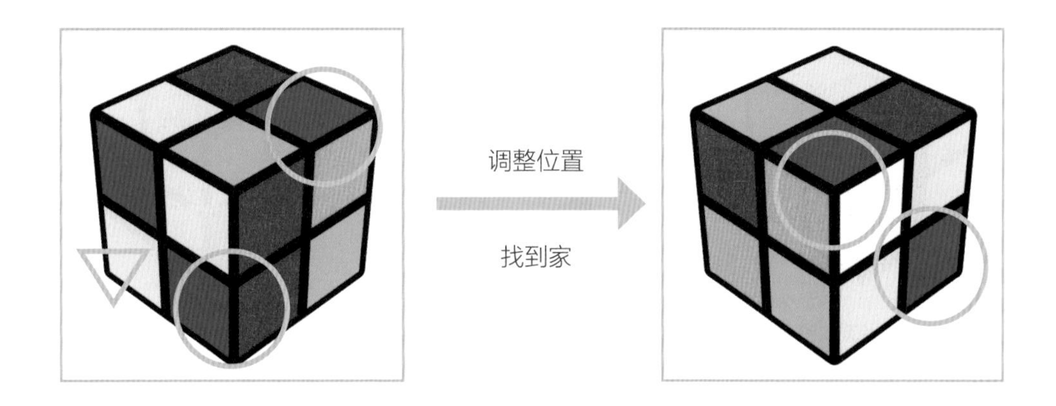


找到白色目标块的家，会遇到3种情况。

情况1：白色朝右——上左下（RUR'）。

情况2：白色朝前——左上右下（URU'R'）。

情况3：白色朝上——上左左下右，上左下（RUUR'U' RUR'）。

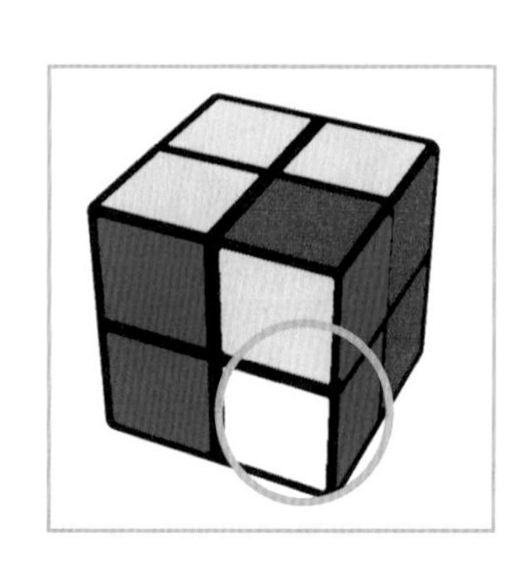

特殊情况：顶层找不到白色角块。

白色角块在第一层错位了——上左下（RUR'）。

白色角块移动上来了，转化为正常情况。

示例：以白红绿定位，第一层复原。

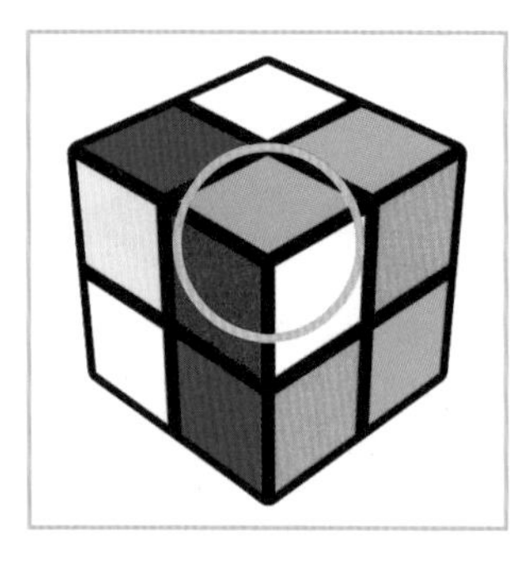

选择白红绿定位

第一个白红绿放在底面

第二个白绿橙找到家

左上右下

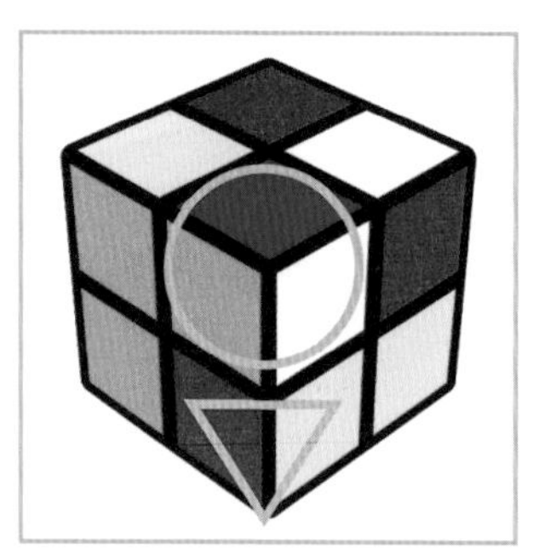

第三个白蓝橙找到家

上左下

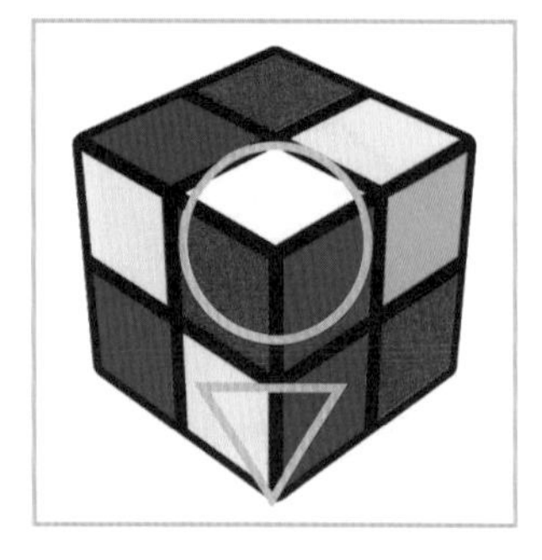

第四个白红蓝找到家

上左左下右，上左下

D. 复习小结

白在右：上左下

白在上：上左左下右，上左下

白在前：左上右下

Q：二阶魔方有确定的中心块吗?

A：二阶魔方是偶数阶魔方，所有的偶数阶魔方（二阶、四阶、六阶……）都没有确定的中心块，意味着任何一面都可以成为底面。

## 二阶顶层——志在四方

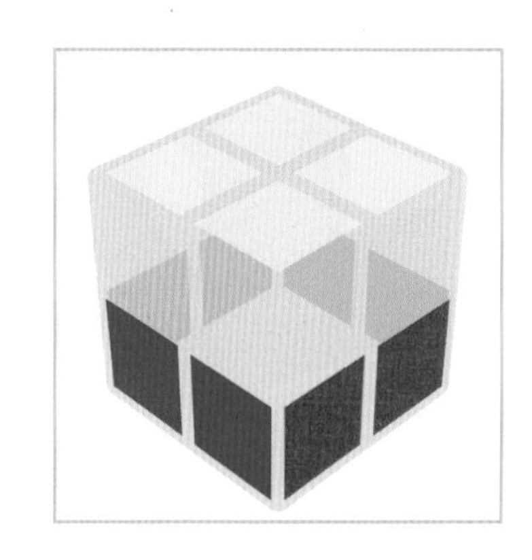

A. 任务目标

完全拼好黄色顶面。

**黄色方形圣殿骑士团合并，完全收复黄色国家的领土。**

B. 二阶顶面复原

Q：三阶和二阶的情况对比，小鱼和“二碰四不碰”是不是一样的?

A：是的，想象二阶的十字已经完成，所有情况是一样的。

小鱼1和小鱼2：判断情况，调整位置。

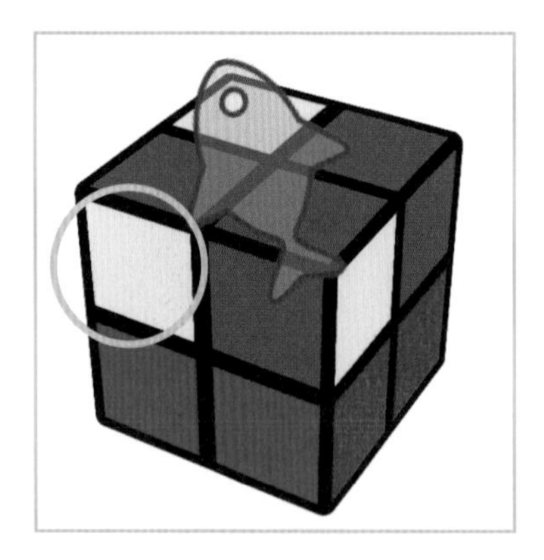

小鱼1：下右上右，下右右上
（R'U'RU' R'U'U'R）

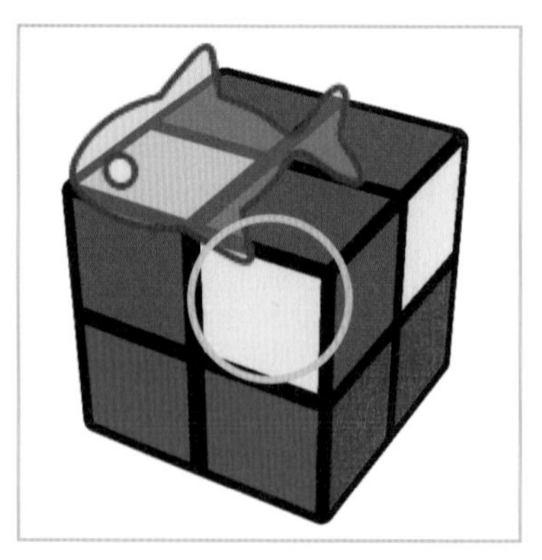

小鱼2：上左下左，上左左下
（RUR'U RUUR'）

二碰四不碰：小鱼2+ 判断情况，调整位置 + 小鱼1/ 小鱼2。

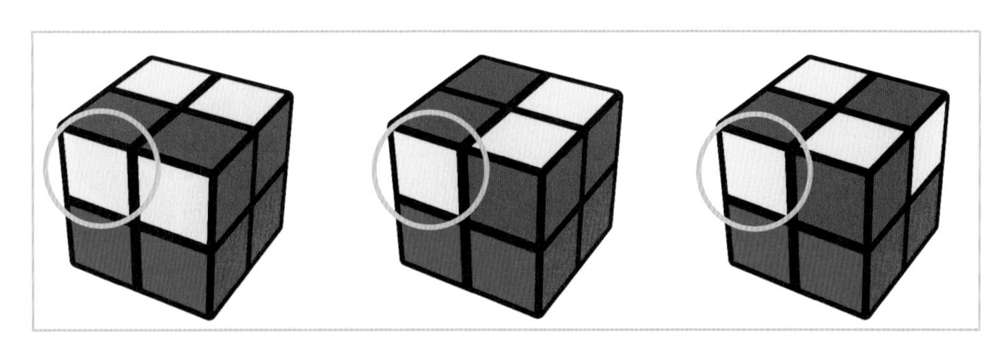

二碰

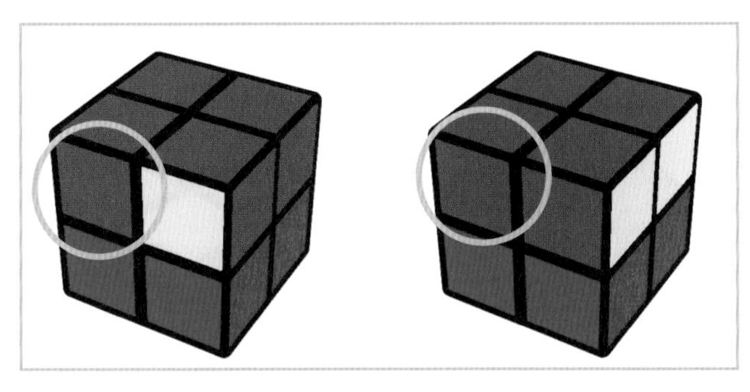

四不碰

## C. 复习小结

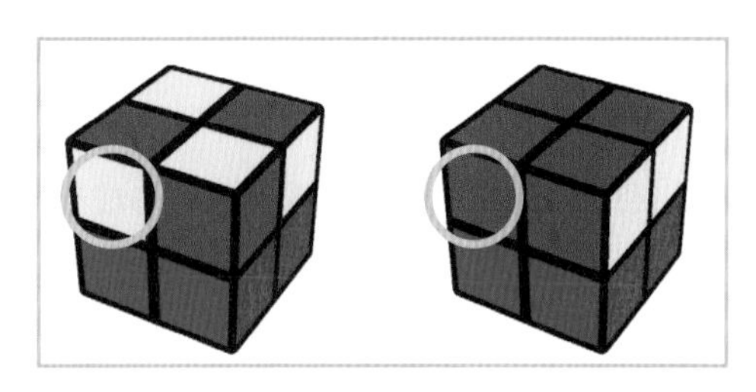

小鱼1：下右上右，下右右上　小鱼2：上左下左，上左左下　二碰四不碰：小鱼2+ 判断情况，调整位置 + 小鱼1/ 小鱼2

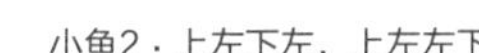

Q：为什么二阶魔方直接就跳到了十字完成后的情况？

A：二阶魔方没有中心块和棱块，我们可以想象二阶魔方所有中心块和棱块已经自动完成了，因此相当于三阶魔方顶层十字完成后的情况。

## 二阶魔方复原——冠军纪录等你来战

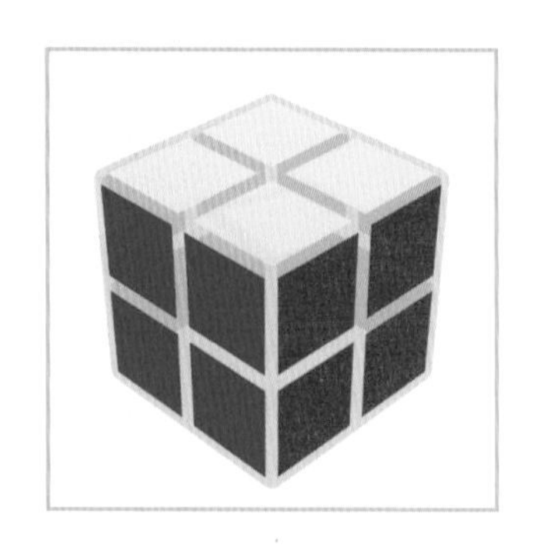

A. 任务目标

最终的胜利，完全复原魔方。

**恢复方星球秩序，重归六国和平。**

B. 二阶定位复原

三阶和二阶的情况相同，捉迷藏公式同样适用，使得二阶魔方的角块复原。

黄色面朝自己，同色相邻的2个角块放在右手，做捉迷藏公式，最后对齐。

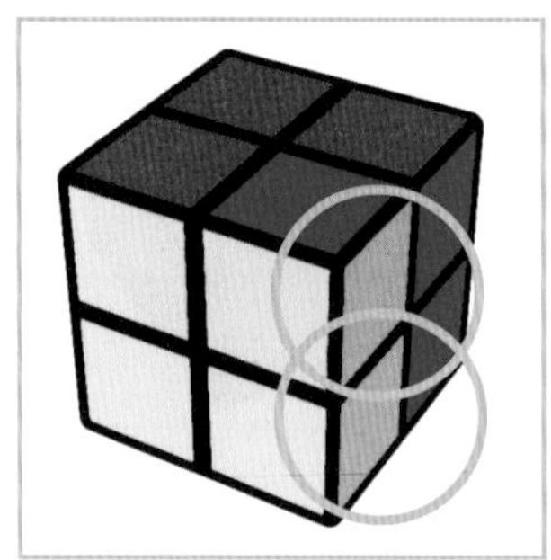

捉迷藏——上二底二，下右上，底二，下左下（R2D2 R'U'R D2 R'UR'）。

记忆：捉迷藏故事

a. 上二底二：皇上的魔方右侧形成白色 L，L 联想到小林，她和朋友在玩捉迷藏。

b. 下右上：小林藏到了床下，朋友去房间右边找到了小林，并将小林拉上来。

c. 底二：小林和朋友手拉手开心地在地面转了一圈。

d. 下左下：小林和朋友一起下楼，朋友去左边，小林去下方。

特殊情况：没有相邻的同色角块。

任意方向做一遍捉迷藏公式，就会出现相邻同色角块。

调整位置，继续做捉迷藏公式。

重新确定位置

黄朝自己，任意方向

捉迷藏公式

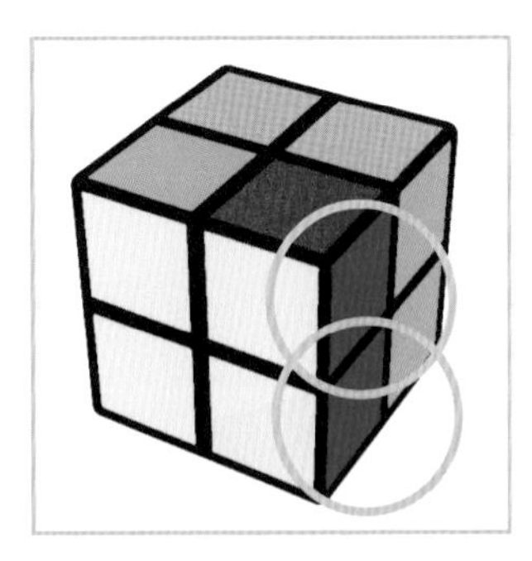

黄朝自己，同色在右

捉迷藏公式

## C. 复习小结

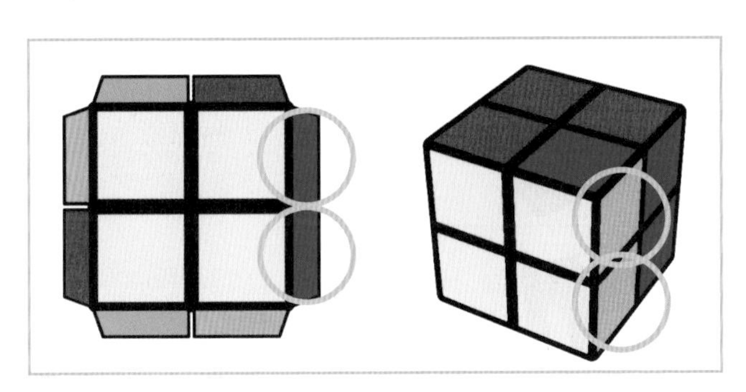

捉迷藏——上二底二，下右上，底二，下左下。

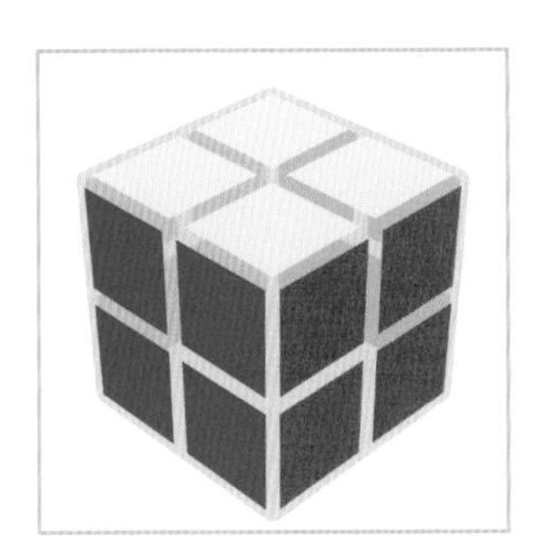

恭喜获得胜利，完全复原魔方

特殊情况：

没有两角同色
做一次做迷藏

<黄色面向自己 两角同色在右>

捉迷藏：
上二底二 下右上 底二 下左下

魔奥二阶魔方

四不碰：小鱼2+小鱼1/2

二碰：小鱼2+小鱼1/2

小鱼2：上左下左 上左左下

小鱼1：下右上右 下右右上

右手手法：上左下右
左手手法：上右下左

魔方定位

白色面朝下，黄色面朝上。二阶魔方从左到右颜色分别为红绿橙蓝。

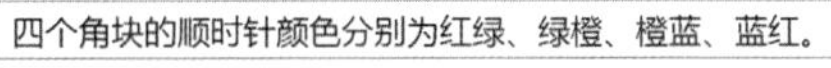

四个角块的顺时针颜色分别为红绿、绿橙、橙蓝、蓝红。

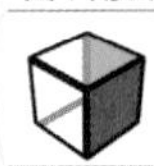
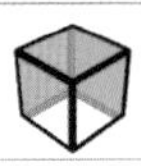
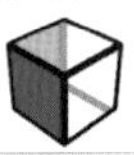
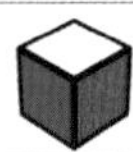
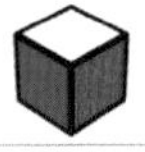

白在右：上左下

特殊情况：上左下

白在前：左上右下

白在上：上左左下右 上左下

顺：前面顺时针
逆：前面逆时针

# 金字塔魔方详解

## 金字塔魔方结构

金字塔魔方与正阶魔方不同，金字塔魔方只有4个面，是一种四面体异形魔方。1970年，德国科学家麦菲特在研究金字塔能量模型的时候，意外地发明了金字塔魔方。

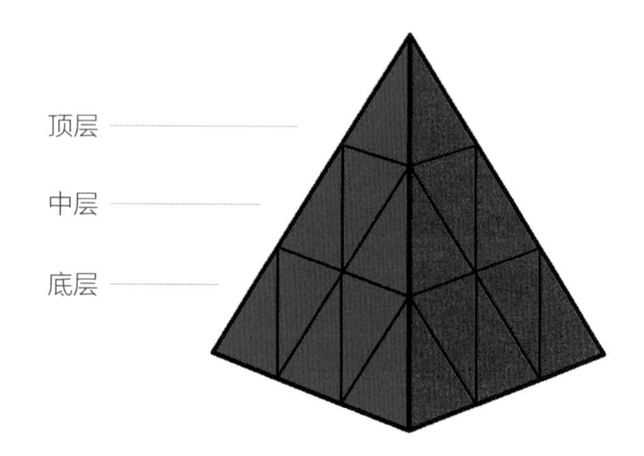


金字塔魔方有4个小角块，4个小角块连接的中间分别对应4个中心块，金字塔魔方侧面有6个侧棱块，通过旋转可以改变其颜色位置。

这一次，我们选择黄色为底面，最终侧面颜色的顺序为红绿蓝。

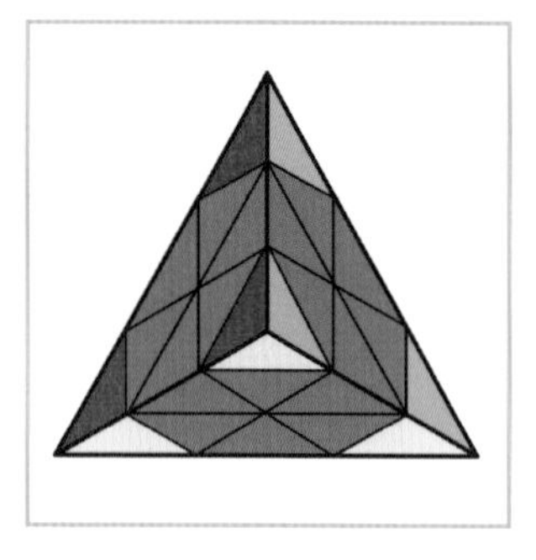
小角块

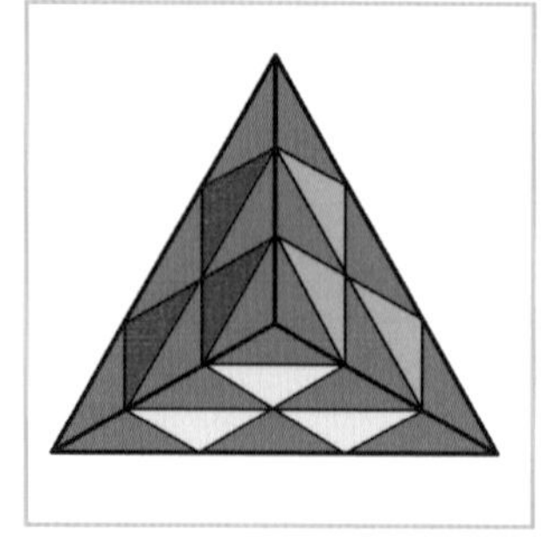
中心块

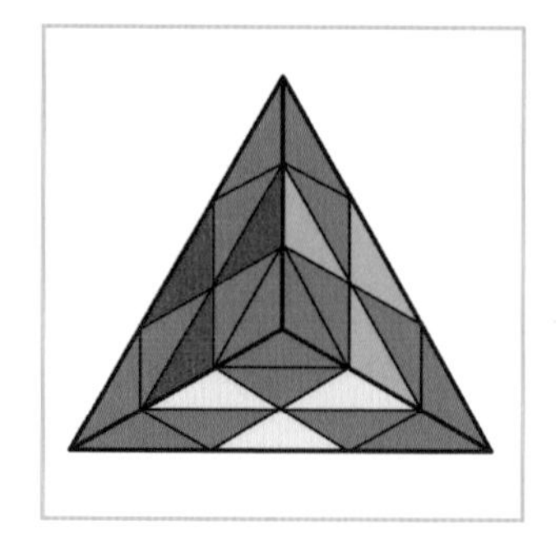
侧棱块

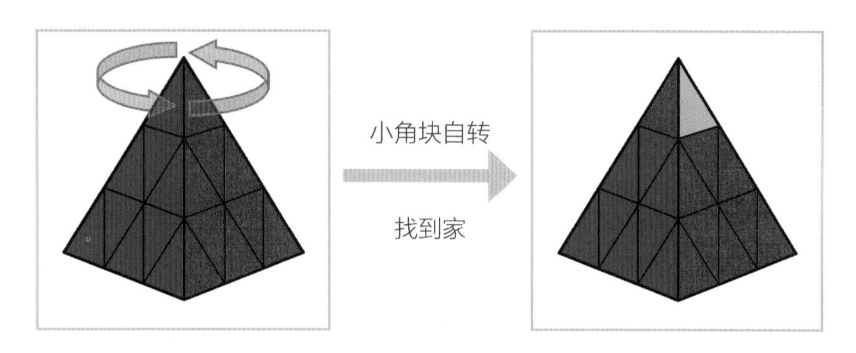


小角块非常特殊，可以单独旋转而不影响其他块。

每个小角块有3种颜色，与对应的中心块连接在一起。

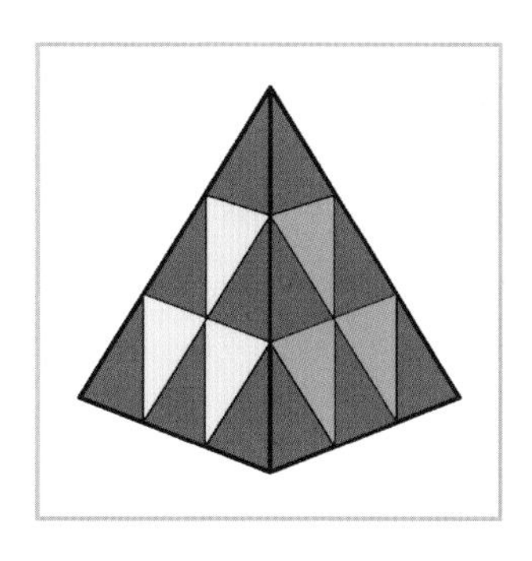

中心块是金字塔中起到定位作用的块。

每个中心块有1种颜色，组成整体的3面同色中心块。

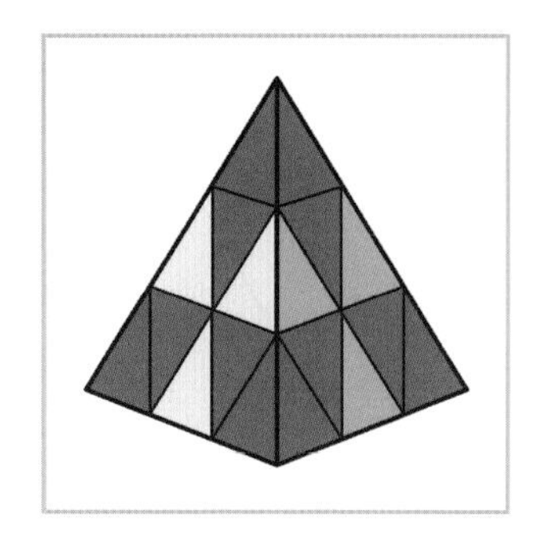

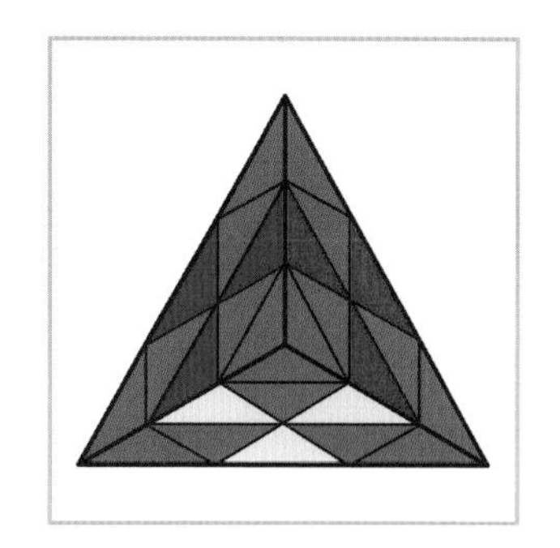

棱块是金字塔魔方复原中的主要部分。

每个棱块有2种颜色，是金字塔魔方复原的关键。

## 金字塔魔方复原思路

古埃及金字塔是从周边向中心、从底面向上面一层一层建造的，金字塔魔方也是从周边向中心、通过层先法复原的。

金字塔层先法非常简单，复原魔方分为2步。

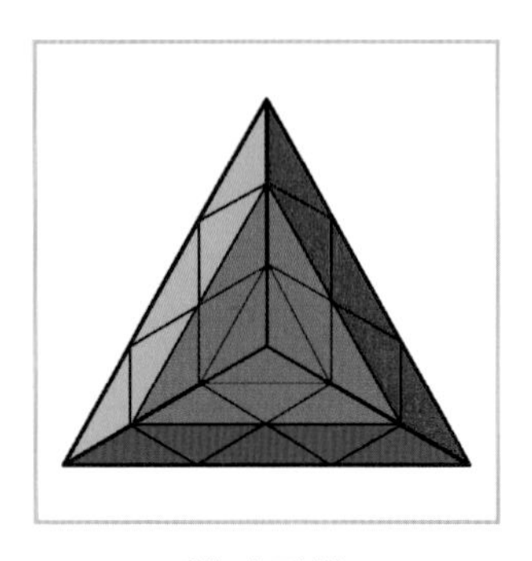

拼好底层棱块

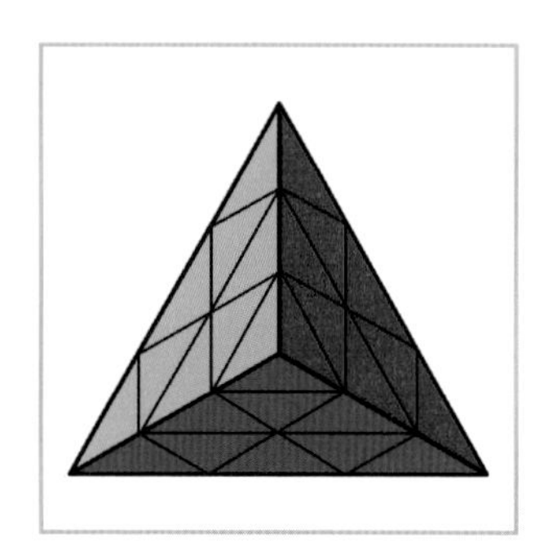

拼好顶层中心块角块和棱块

## 金字塔第一层——神秘的金字塔基石

### A. 任务目标

复原金字塔魔方黄色底层和第一层。

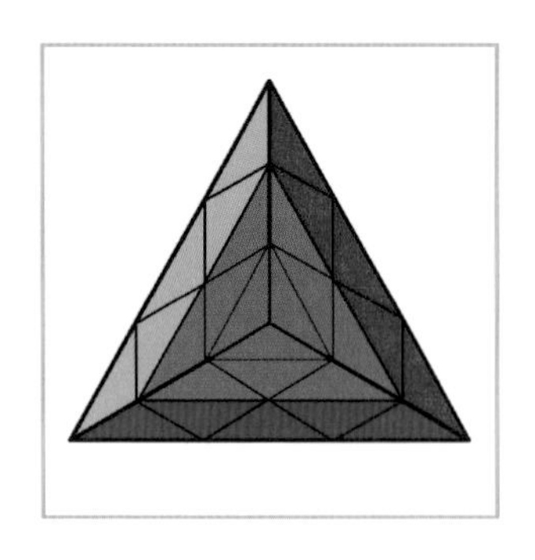

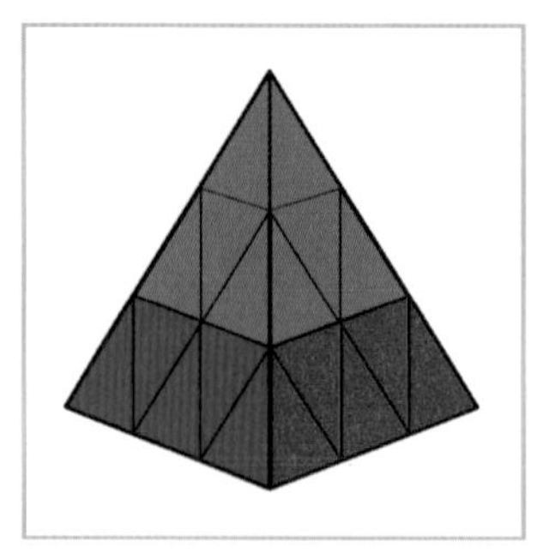

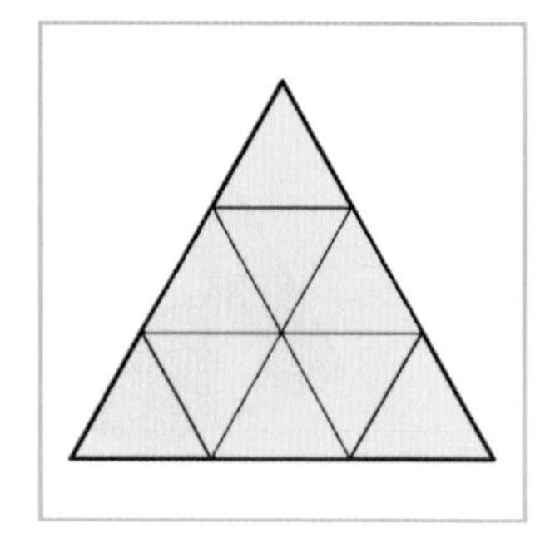

建造金字塔的黄色地基和塔底。

B. 复原小角块

小角块可以单独旋转而不影响其他块。

这一步非常简单，依次旋转每个黄色小角与黄色中心块对齐。

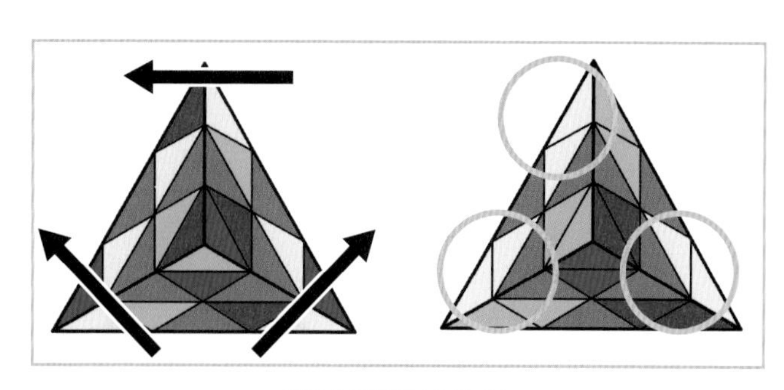

黄色小角块通过自转对齐

C. 复原中心块

将红绿蓝小角块作为顶角，对应魔方底面颜色为黄色。

依次旋转中心块至黄色底面，底面出现三角风车图案。

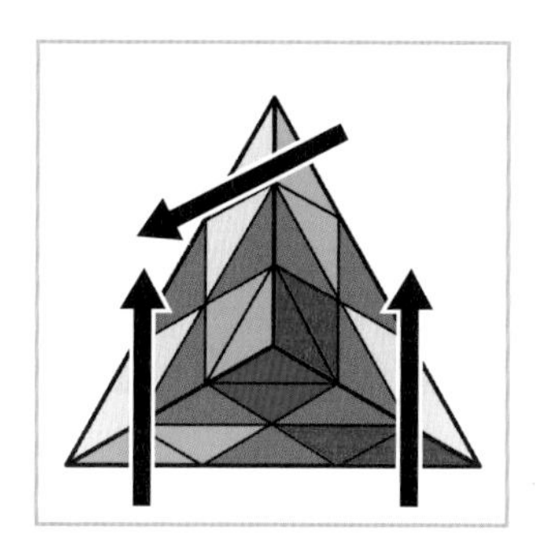

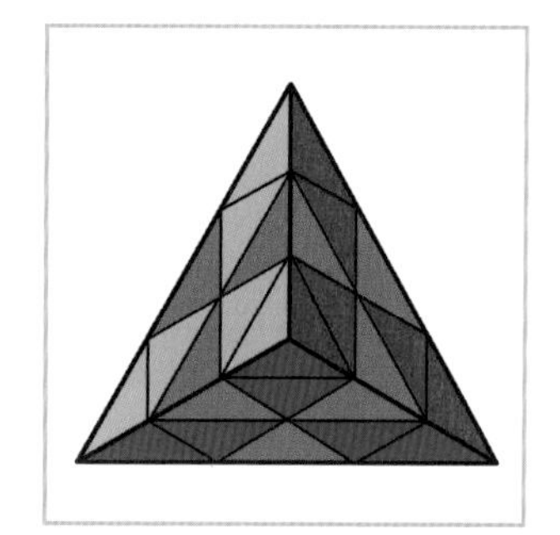

D. 复原底层

在中层寻找一个有黄色的棱块，棱块与对应颜色的面同色对齐。

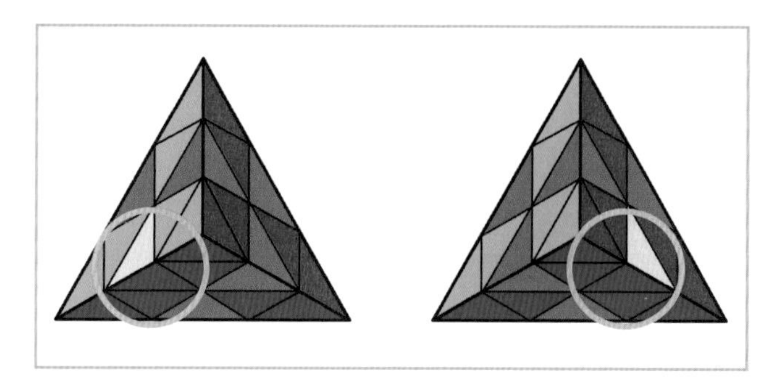

黄蓝棱与蓝色面的蓝色对齐

金字塔的底层棱块公式，与三阶魔方相似。

要掌握金字塔独特的右手手法和左手手法。

金字塔右手手法：上，右，下。

上

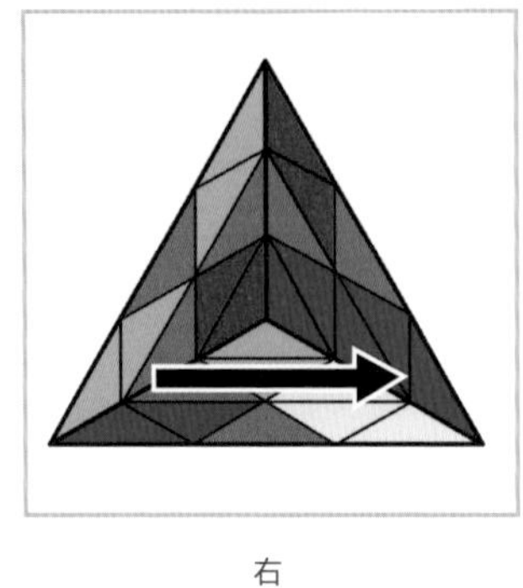
右

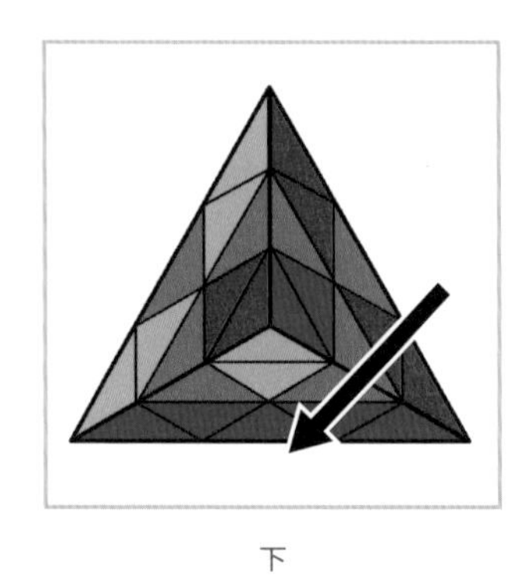
下

金字塔左手手法：上，左，下。

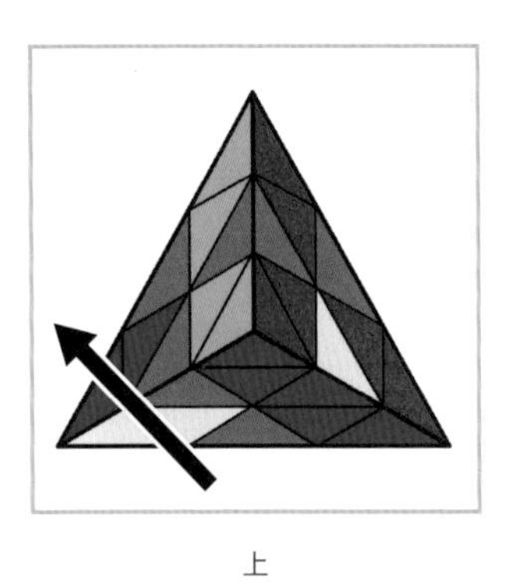
上

左

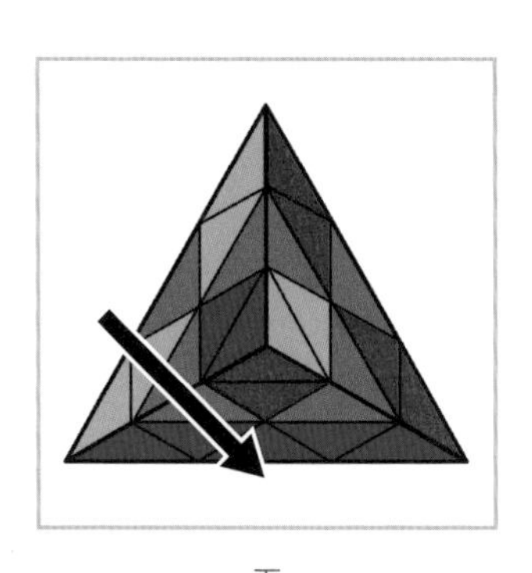
下

在中层寻找一个有黄色的棱块，棱块与对应颜色的中心块对齐。

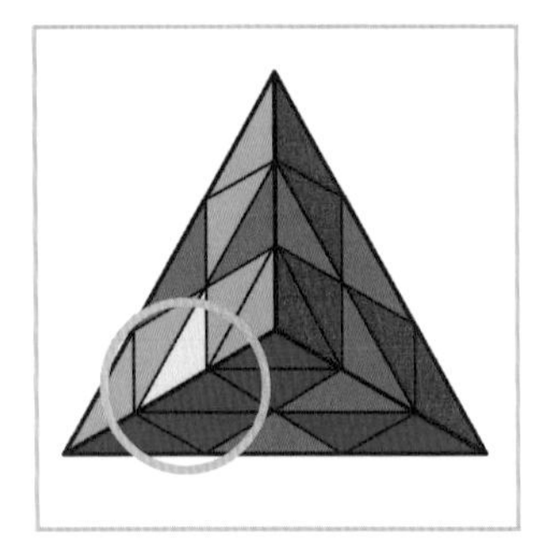
棱在左侧：金字塔右手手法

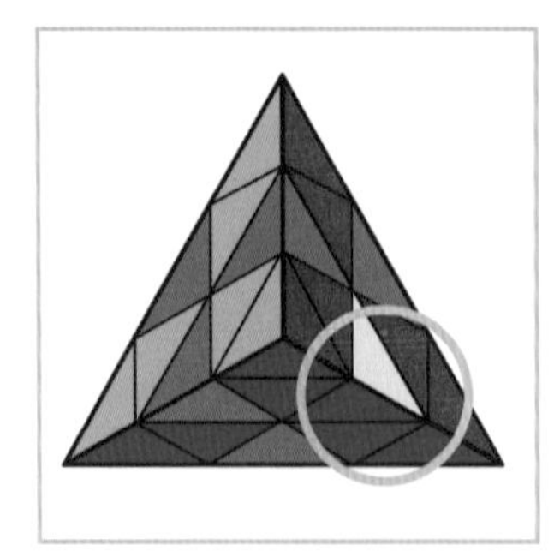
棱在右侧：金字塔左手手法

特殊情况：顶层找不到黄色棱块。

黄色棱块在第一层错位了——上，右，下。

黄色棱块移动上来了，转化为正常情况。

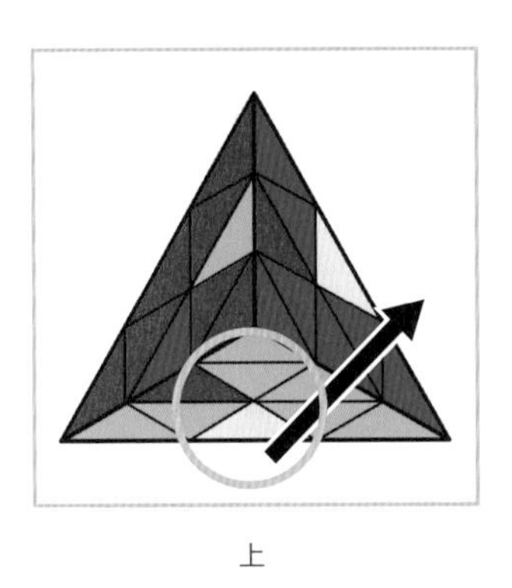
上

右

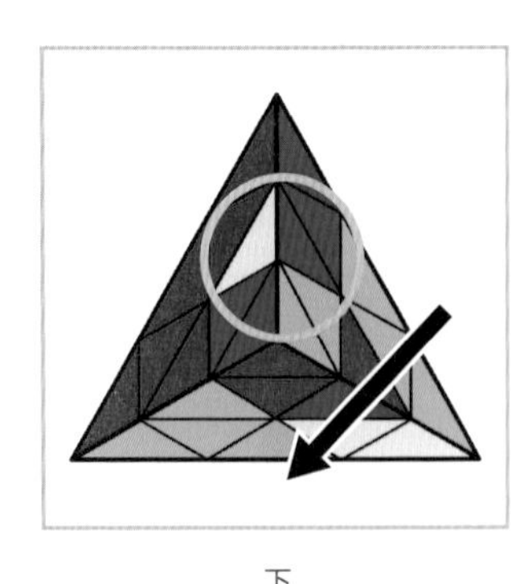
下

示例：棱块复原。

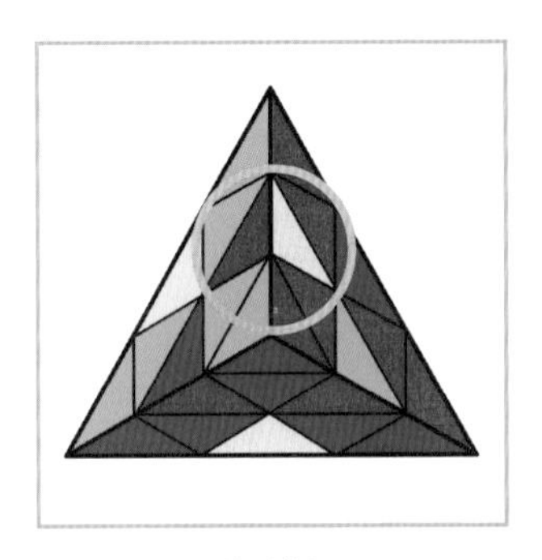
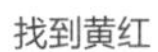
找到黄红

对齐黄红在左侧

上

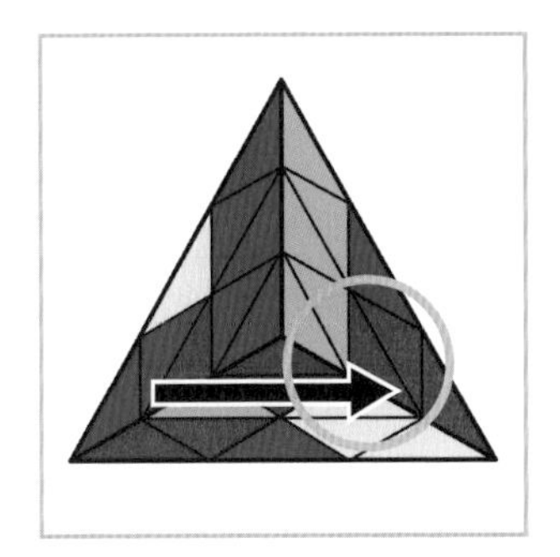
右

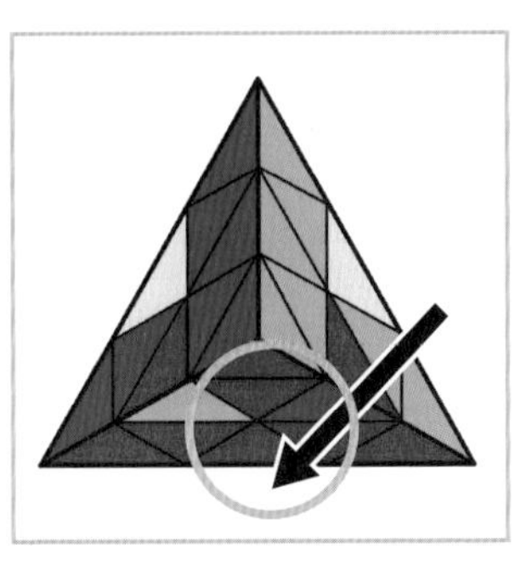
下，黄红完成

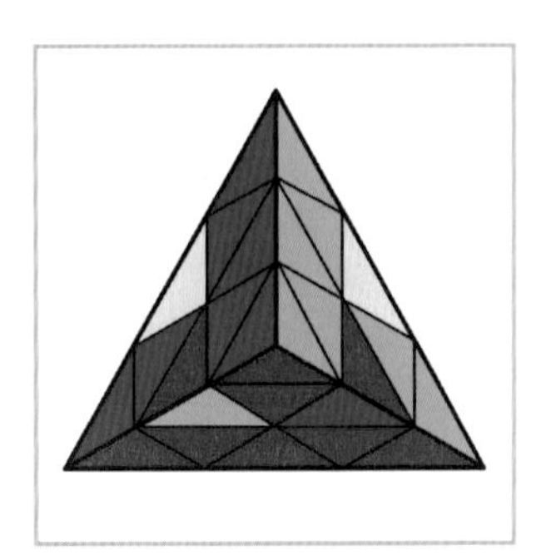
顶层没有黄色棱块

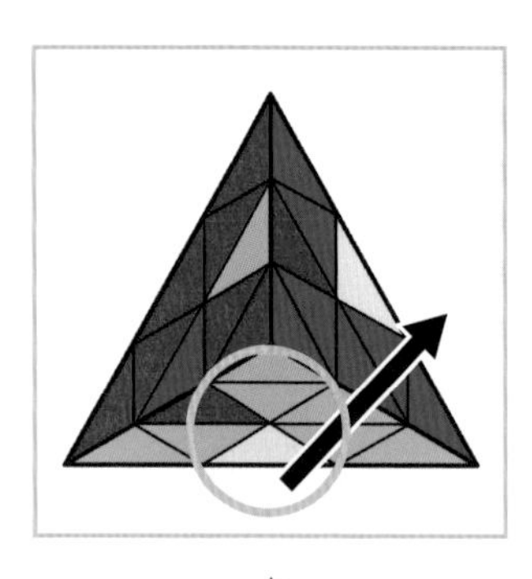
上

右

下，找到黄蓝

对齐黄蓝在右侧

上

左

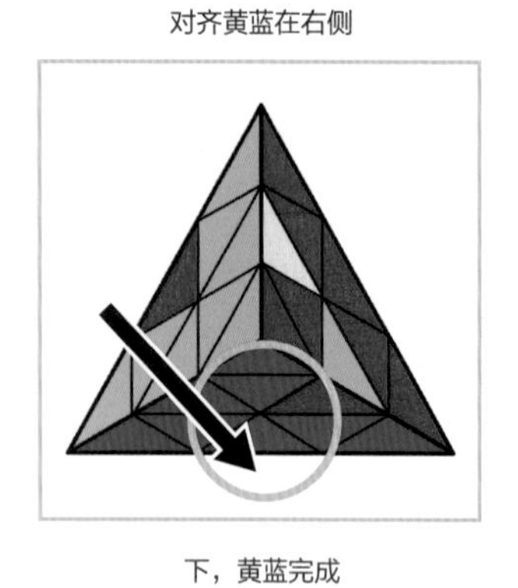
下，黄蓝完成

找到黄绿

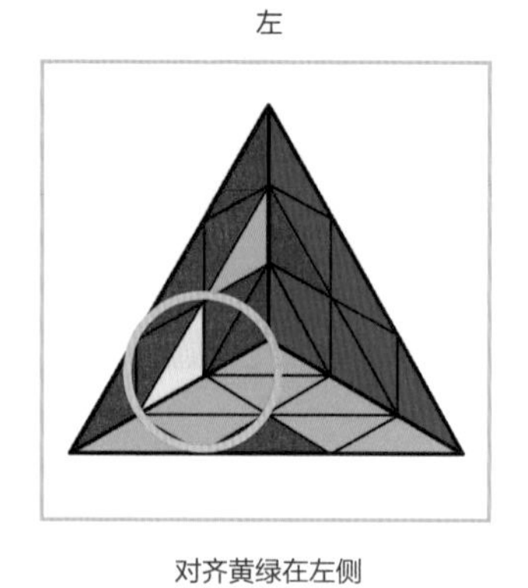
对齐黄绿在左侧

上

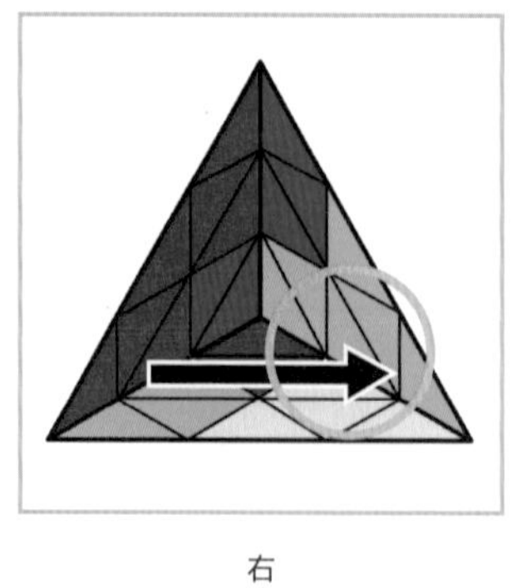
右

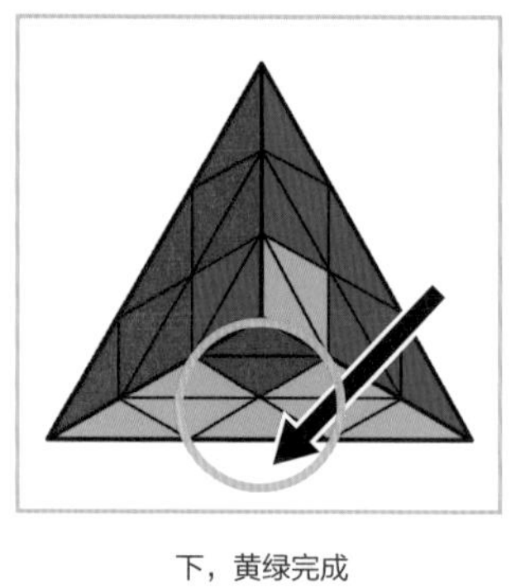
下，黄绿完成

E. 复习小结

先对齐小角块和中心块，依次旋转中心块至黄色底面，底面出现三角风车图案。

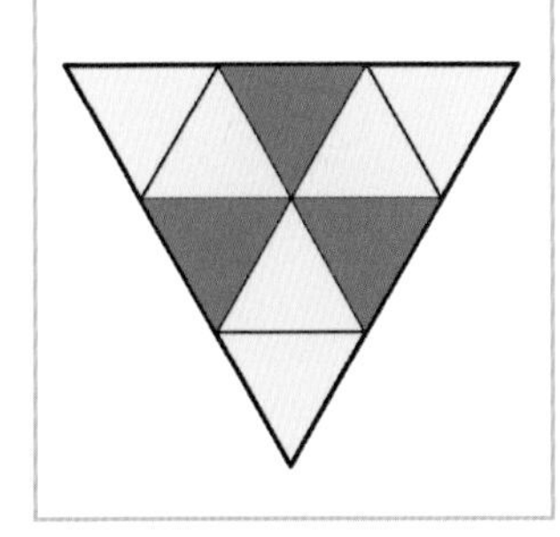

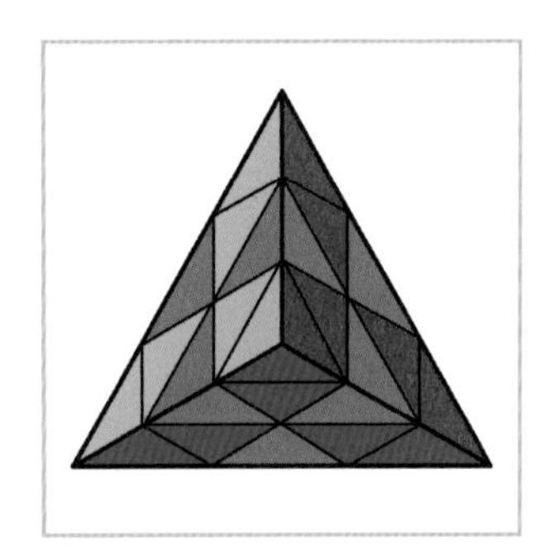

再在中层寻找一个有黄色的棱块，棱块与对应颜色的中心块对齐。

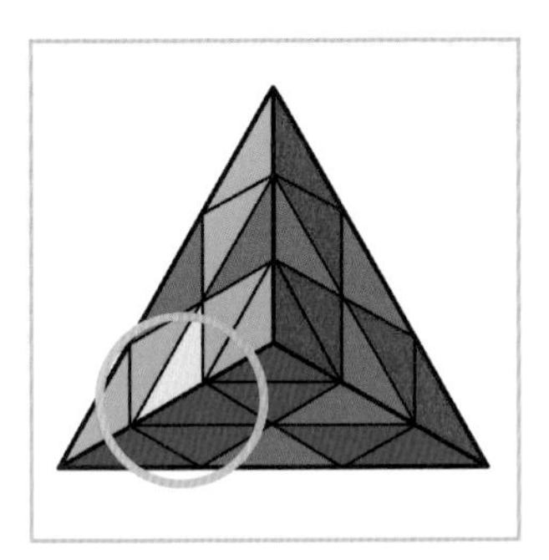

棱在左侧：金字塔右手手法

上右下

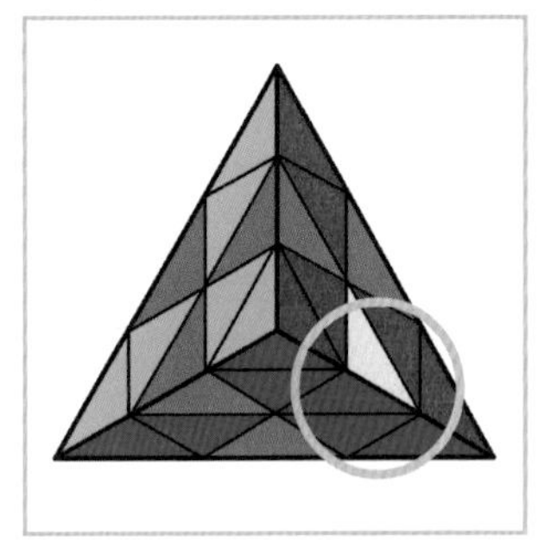

棱在右侧：金字塔左手手法

上左下

Q：金字塔魔方和三阶魔方的复原有相似之处吗？

A：三阶魔方是一切魔方的基础，多数异形魔方都与三阶魔方有一定的相关性。理解三阶魔方的原理，有助于掌握其他款式魔方的复原方法。

# 金字塔魔方复原——挑战全能王

A. 任务目标

完全复原金字塔魔方。

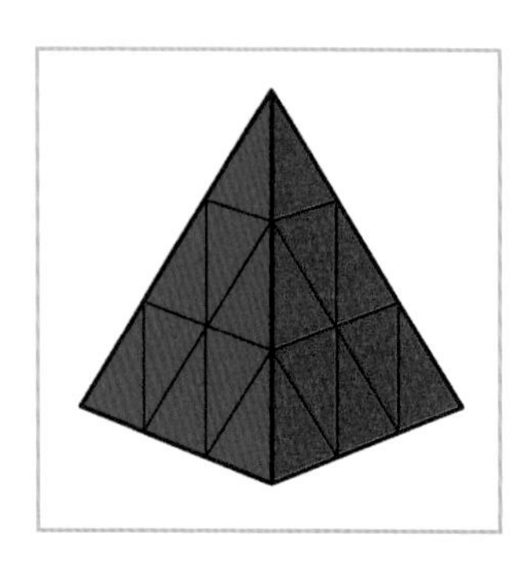

B. 金字塔顶层中心块和角块复原

顶层自转，与侧面颜色一致，对齐顶层的中心块和顶层角块。

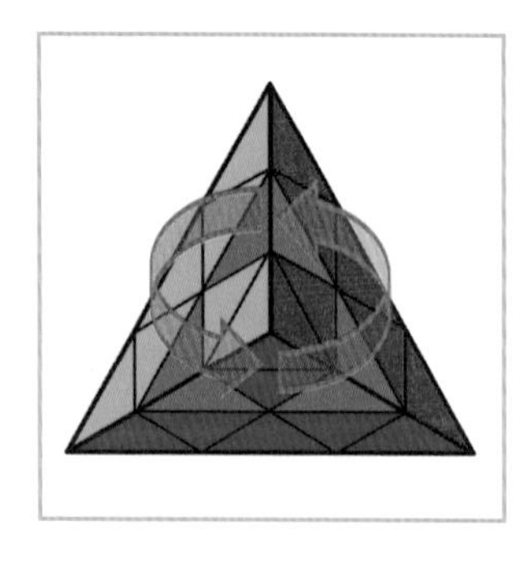

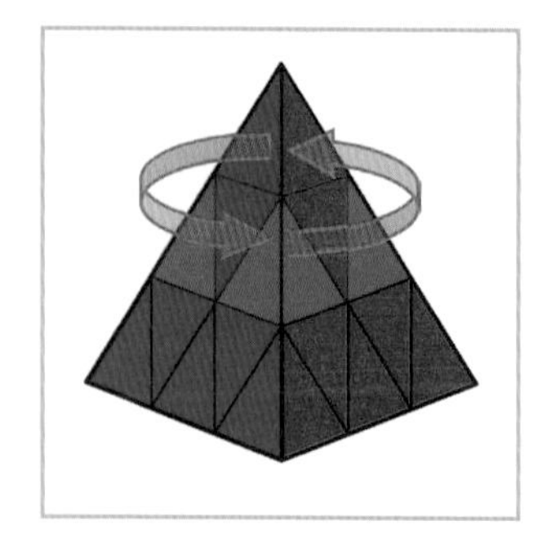

特殊情况：顶层找不到黄色棱块。

金字塔顶层的情况可以分为2种：三棱换和两棱翻。

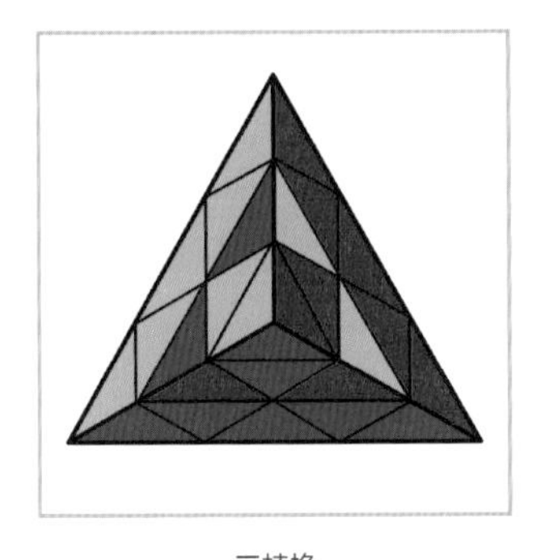

三棱换

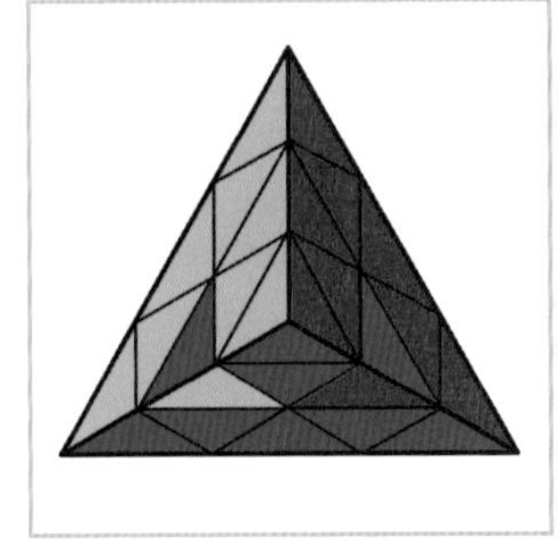

两棱翻

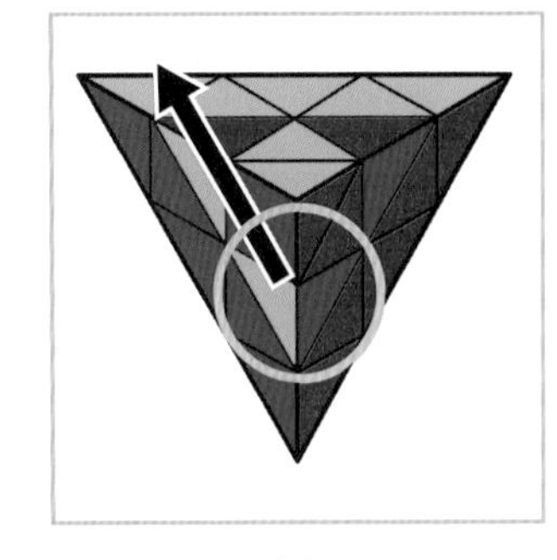

去左

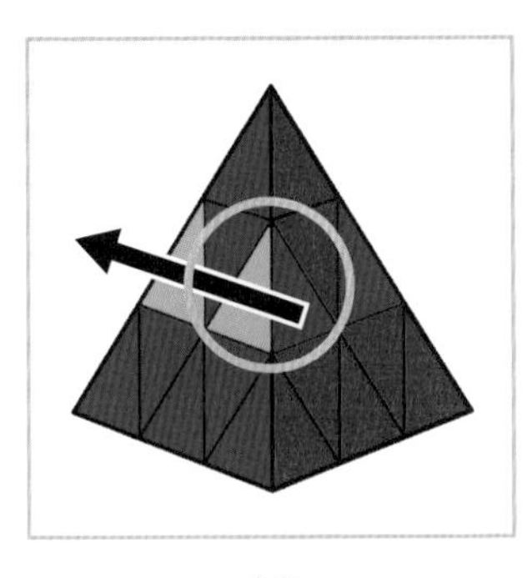

去左

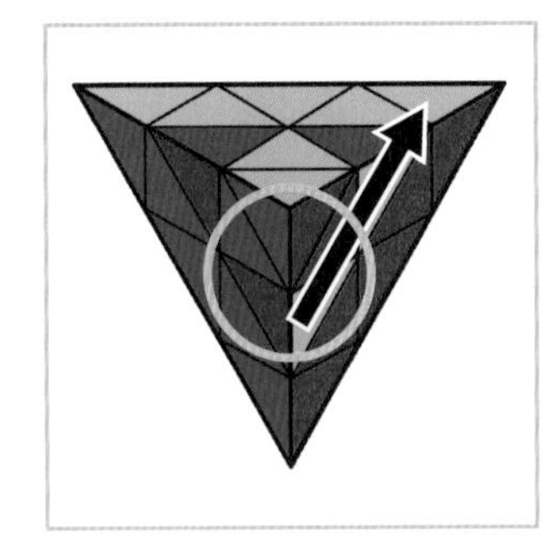

去右

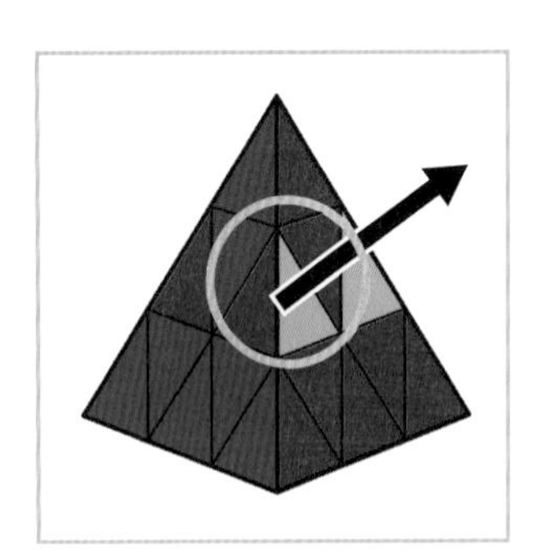

去右

三棱换棱块去左——上，右，下，右，上，右，下。

去左

放在右前

上

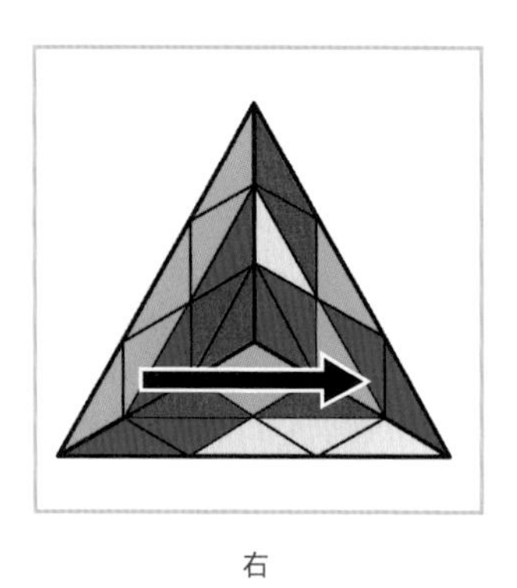
右

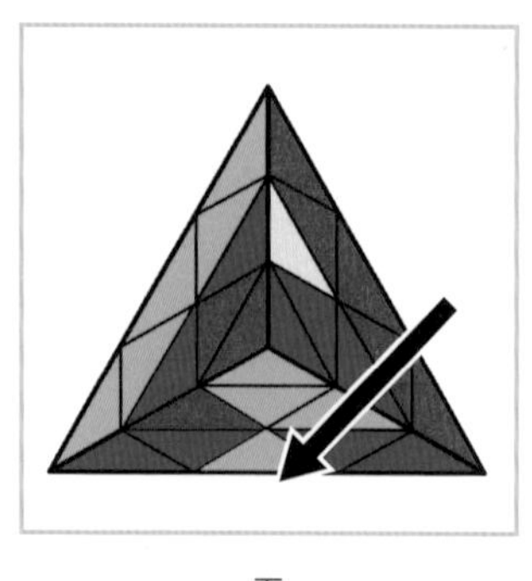
下

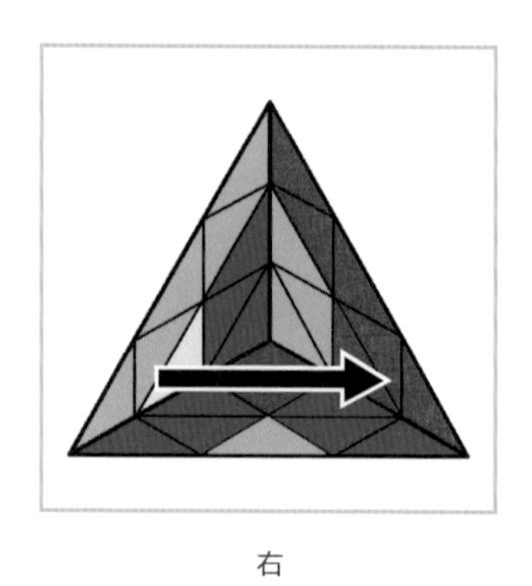
右

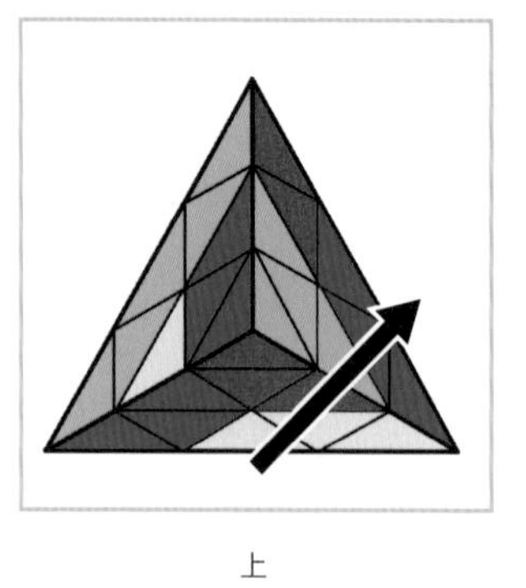
上

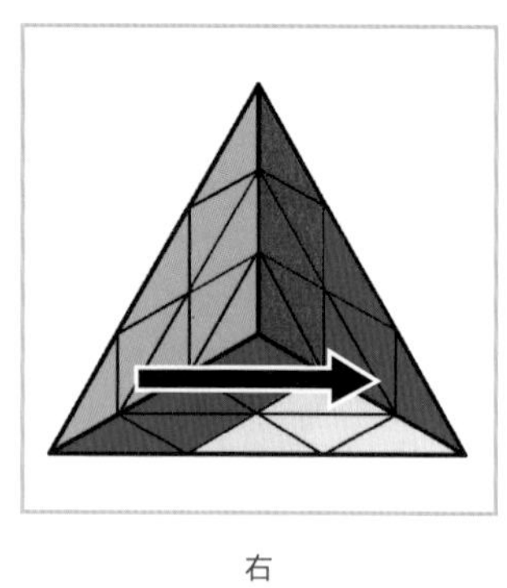
右

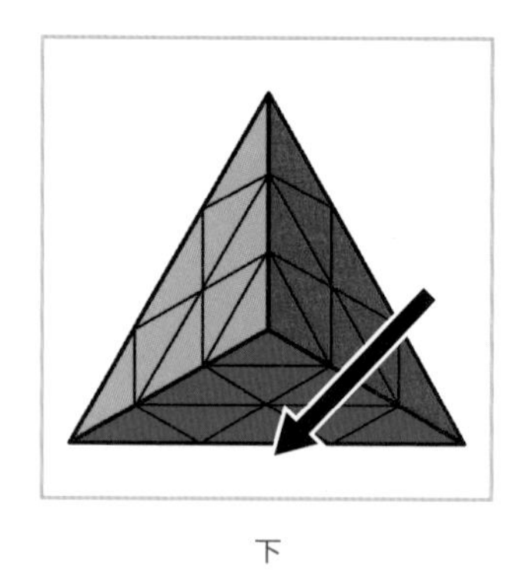
下

三棱换棱块去右——上，左，下，左，上，左，下。

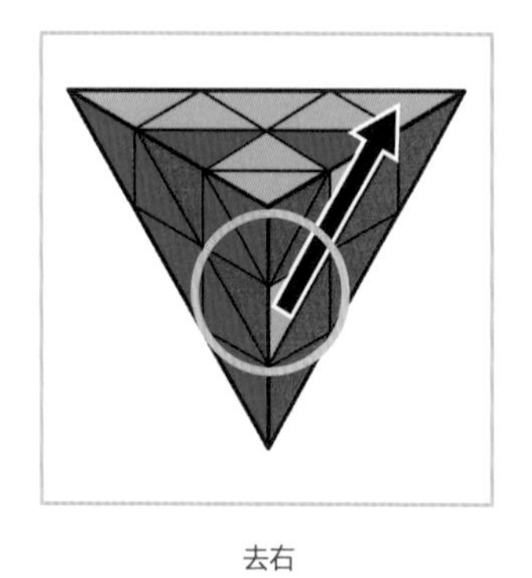
去右

放在右前

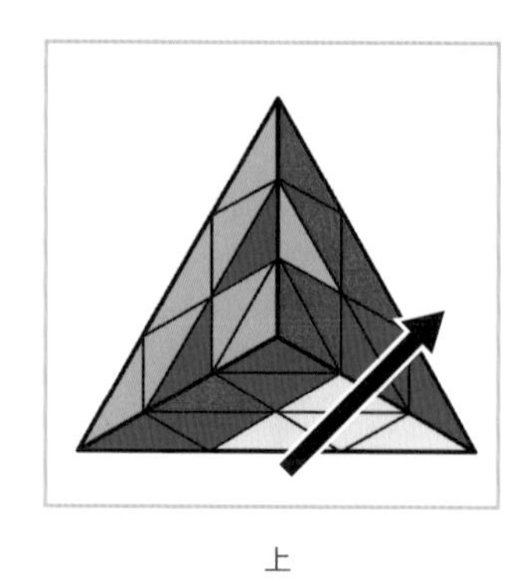
上

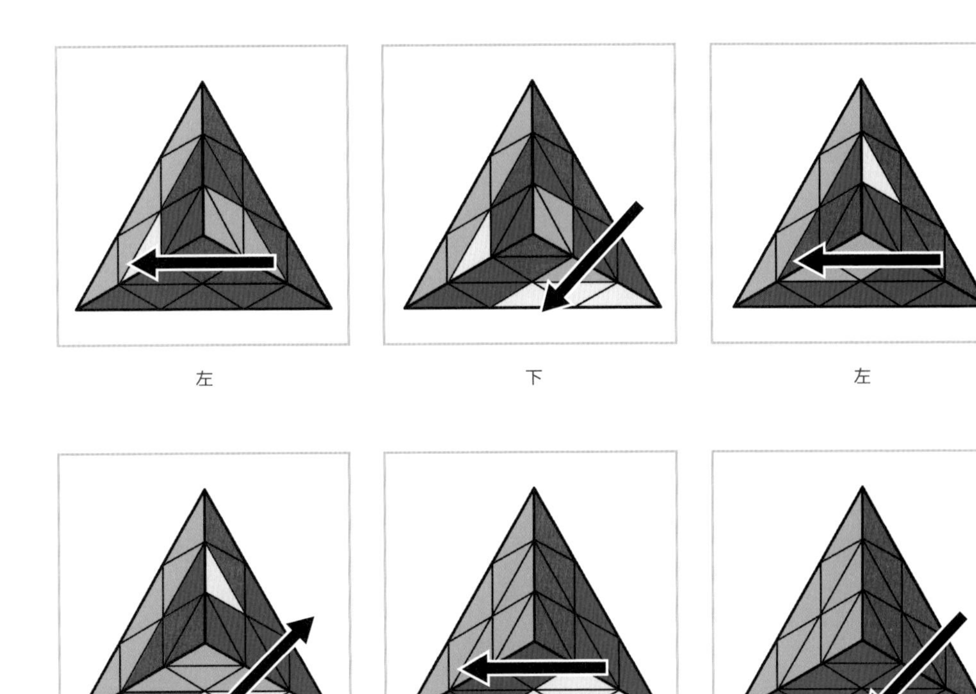

左　　下　　左

上　　左　　下

仔细观察，三棱换公式与小鱼公式非常相似，只是去左 / 去右的第一步都是“上”。
去左的开始是“上右……”，去右的开始是“上左……”。
小鱼公式中的“左左” / “右右”换为一个“左” / “右”。

两棱翻：一个棱块已经好了，摆放在最后面，前面2个棱块需要原地翻转。

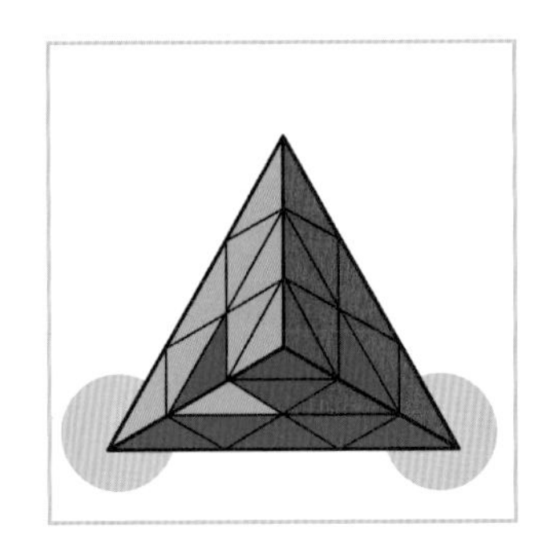

两棱翻公式——（左边）下，（右边）下，（左边）上，（右边）上；右，上，左，下。

左右手分别握住两边中心块：（左边）下，（右边）下，（左边）上，（右边）上。

（左边）下

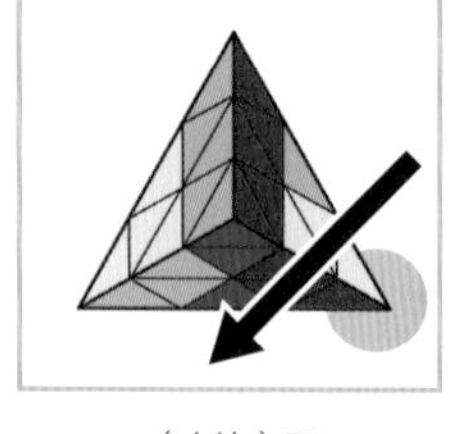
（右边）下

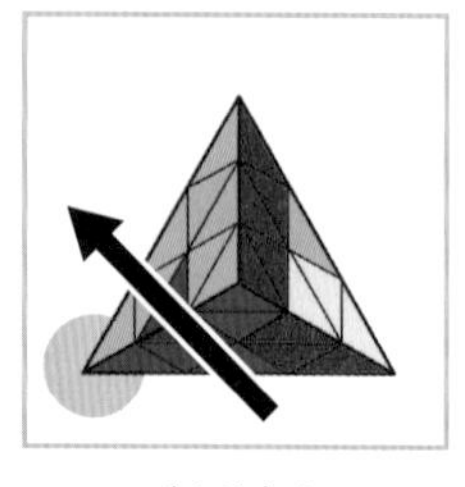
（左边）上

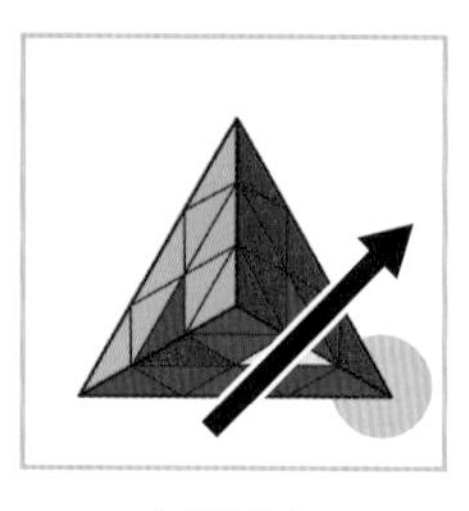
（右边）上

右手正常公式完成：右，上，左，下。

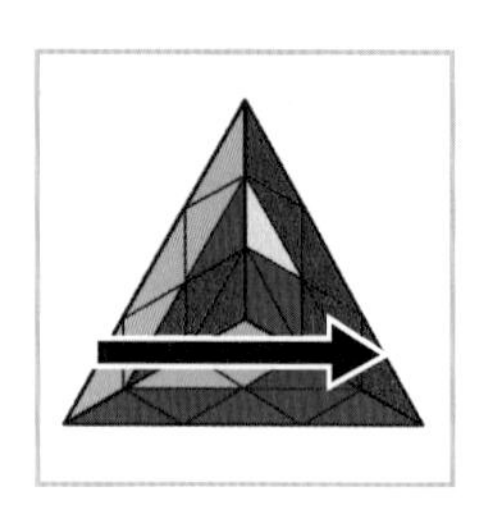
右

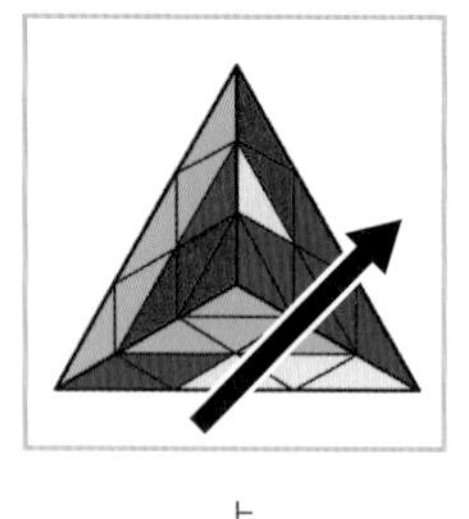
上

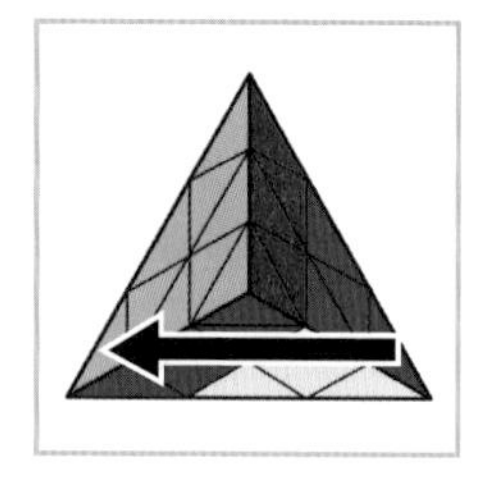
左

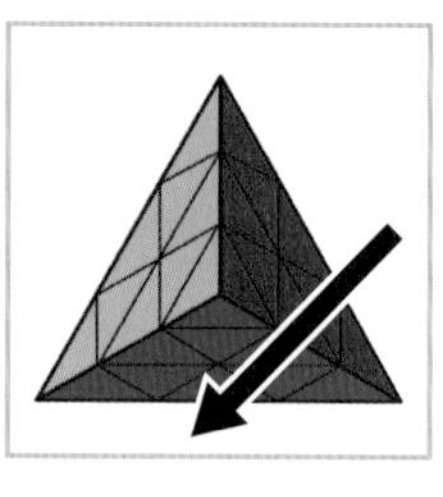
下

特殊情况：3个错误棱块的三棱换。

判断中间棱块去左还是去右，按照去左 / 去右公式完成。

三棱换变为两棱翻，转化为正常情况。

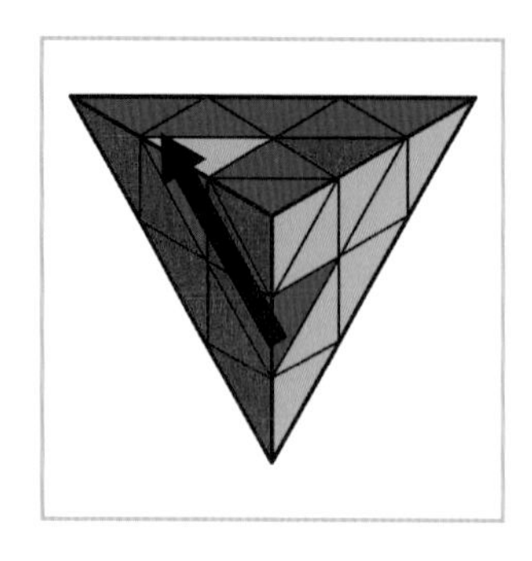

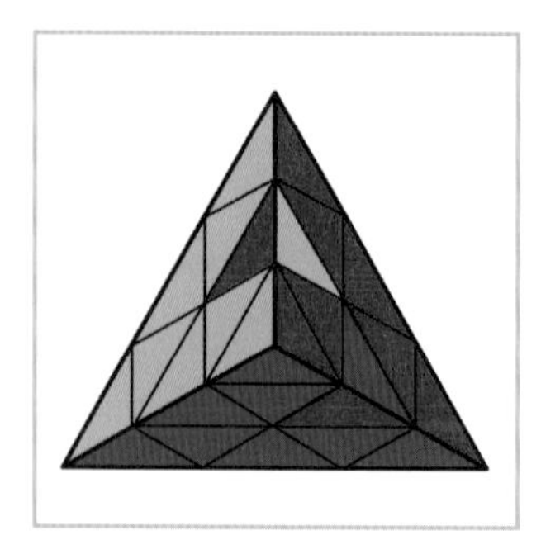

C. 复习小结

顶层自转，对齐顶层的中心块和顶层角块。

三棱换去左

上右下右，上右下

三棱换去右

上左下左，上左下

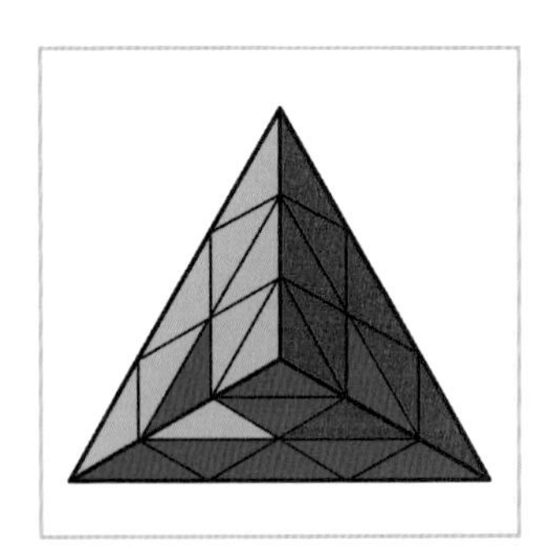

两棱翻

（左边）下，（右边）下，（左边）上，（右边）上

右上左下

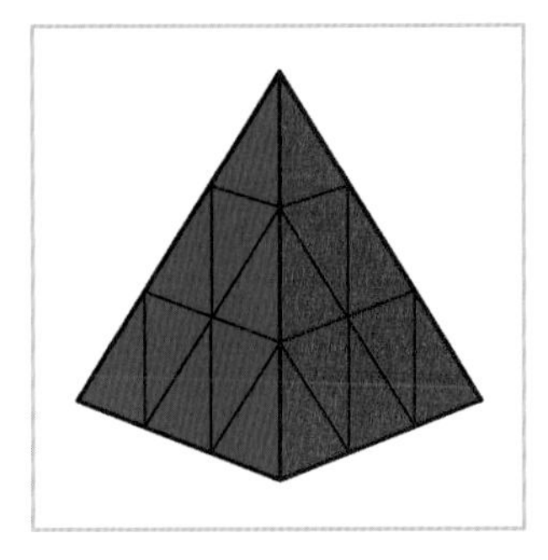

恭喜获得胜利，完全复原魔方

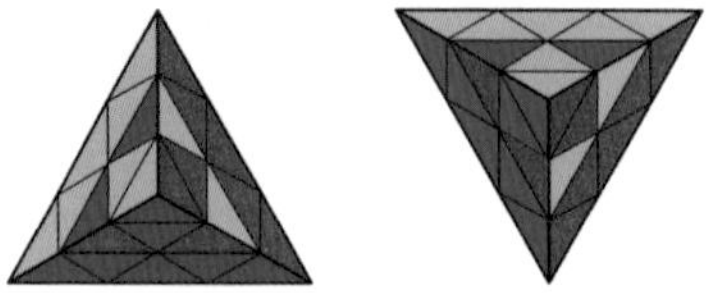

三棱换去右：上左下左 上左下

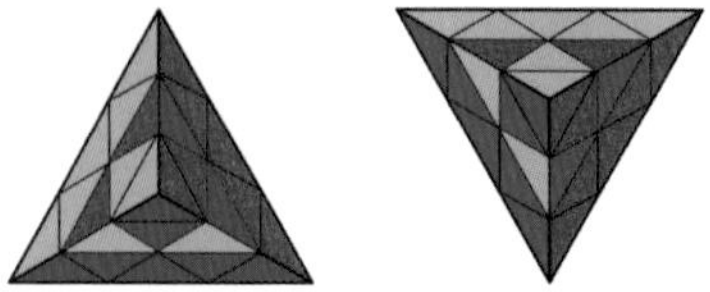

三棱换去左：上右下右 上右下

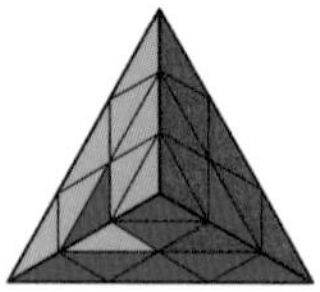

两棱翻：下下上上 右上左下

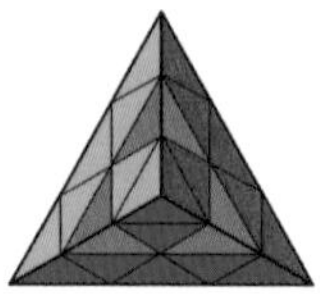

魔奥金字塔魔方

顶层自转 对齐顶层的中心块和顶层角块

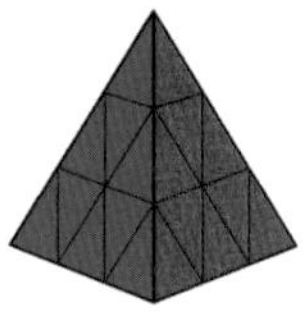

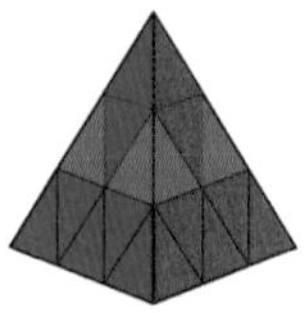

金字塔右手手法：上右下

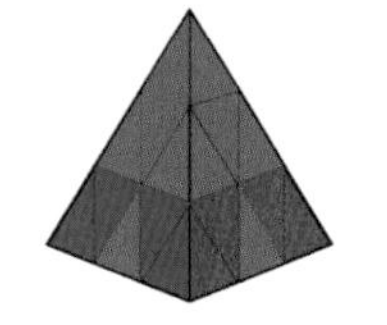

依次旋转每个黄色小角与黄色中心块对齐

依次旋转中心块至黄色底面 底面出现三角风车图案

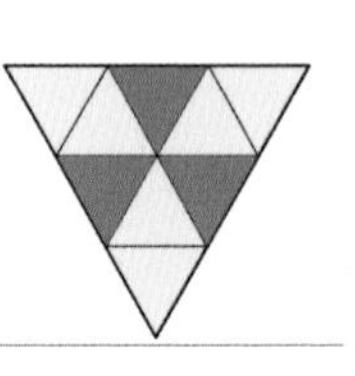

棱在左侧：右手手法

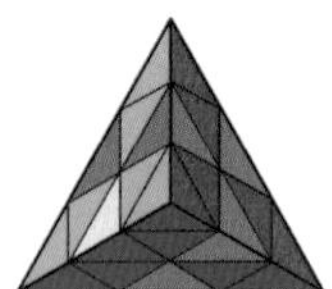

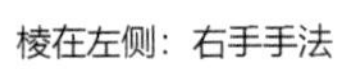

特殊情况：上右下

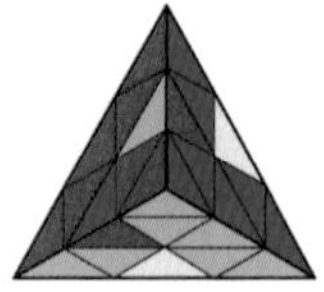

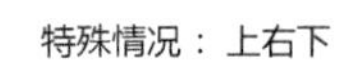

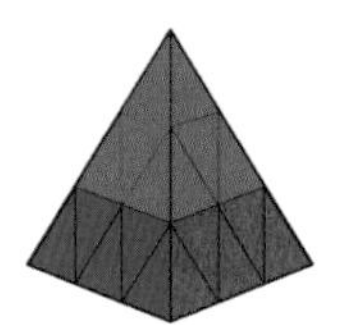

棱在右侧：左手手法

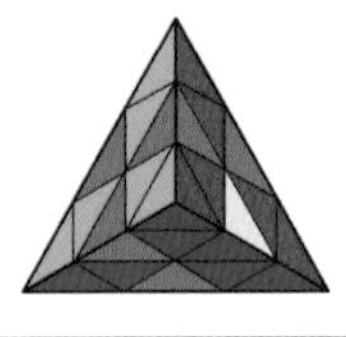

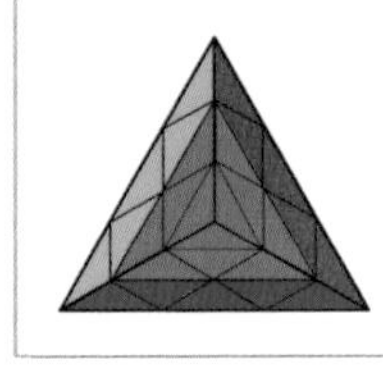

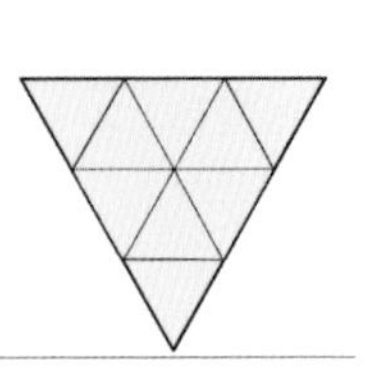

金字塔左手手法：上左下

# 第四章 魔方冠军是怎样炼成的

MOFANG GUANJUN SHI ZENYANG LIANCHENG DE

每个人都有自己的光荣和梦想，就像魔方一样。不同颜色的方块虽然暂时连在一起，但是终究，都会遇上自己最好的命运。

如果谁不为魔方而感到困惑，那他就是没有真正理解魔方。

—— 一位魔友

- 冠军秘籍 如梦初醒
- 纵观天下 魔界传说

# 冠军秘籍 如梦初醒

## 魔方提速简介

魔方发展了40多年，世界纪录每年都在刷新，除了魔友不断挑战自我之外，更多的是公式的不断改进。魔方复原的解法很多，主要分成两类：一类适合初学者，另一类适合追求极速的玩家。

最常见的就是标准层先法，只要学会公式就可以完全复原，适用于初学者，可以在较短的时间里学会魔方复原。

但如果想要在20秒，甚至10秒内完成魔方复原，则要使用完全不同的方法。追求极速的玩家，为了挑战极限，会学习更加复杂的公式。使用此类公式的目标就是更快，不管是“预判时间”还是“转动时间”都要尽量少，我们称作“速解魔方”。

## 魔方层先法提速

三阶魔方层先法，共分为7步，如果我们能在特定步骤节省时间，就可以更快速地复原。

因此，我们要理解底层十字的快速复原，黄色顶面的快速复原，以及顶层最后一步棱块的快速复原方法。更少的步骤、更好的公式、更快的观察是三阶魔方提速的关键。

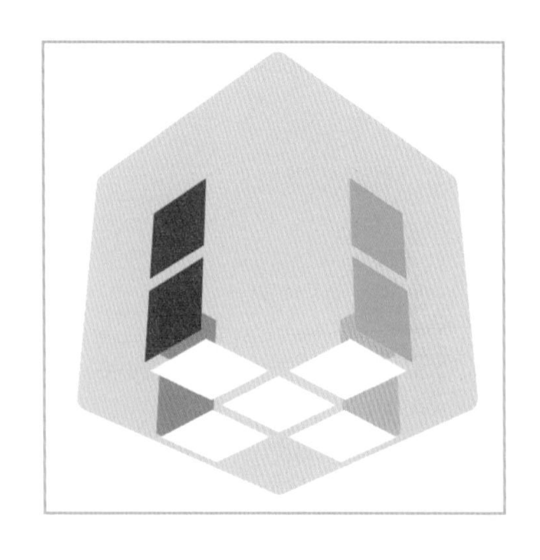

## 三阶提速第一步

### A. 任务目标

在白色底面，直接拼出白色十字棱块，同时红绿橙蓝4个颜色对齐。

### B. 完成白色十字

这一次，我们尝试在白色底面直接完成十字，这会让我们更快速地复原。

白面朝下，黄面朝上。做十字时，要知道4个颜色的相对位置永远不变，相近的颜色是相对的：红橙相对，绿蓝相对，白黄相对。4个白色棱块的颜色顺序分别为红绿橙蓝。颜色顺序是确定的，我们要根据颜色相对位置复原白色十字，因此，每个颜色临近两边的对应颜色必须记住。

做十字是魔方快速复原中非常有意思的一个环节。做十字需要自己推理公式，千变万化而且解法不唯一，是纯凭经验积累慢慢提高的一步。真正做好十字，需要解法简单、转动灵活、手法顺畅。

魔方十字复原统计，在99% 的情况下，7步内就能做出，并且100% 能在8步内做出十字。

刚开始练习十字的解法可能需要慢慢完成，之后逐渐减少思考时间，尝试盲拧十字，直到每次都能在15秒的观察时间内找到解法。做好十字需要大量练习，所以大家一开始不用太心急。现在很多高手基本上可以做到只要1秒甚至更短时间就做好十字。

做十字没有公式，通过观察，可用最少的步骤排列白色棱块的相对位置。例如，在白色面拼好白红棱，那么，其左边最终是白蓝棱，其右边是白绿棱，最后面是白橙棱。

### C. 学习十字手法

观察白绿的情况，找到白绿从上方到下方最快捷的方法。

从右上到前面——下顺上（R'FR）。

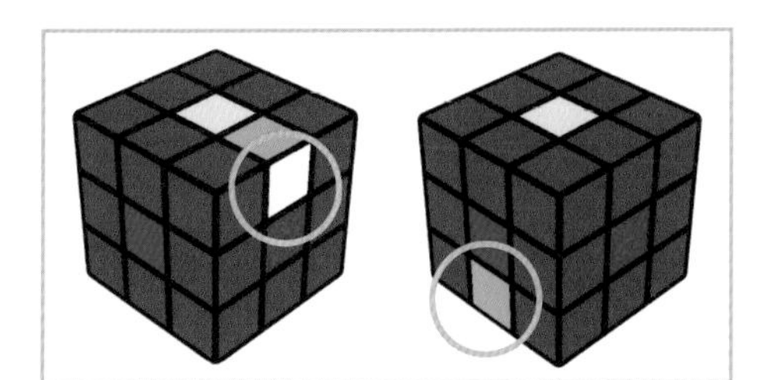

从左上到前面——下逆上（LF'L'）。

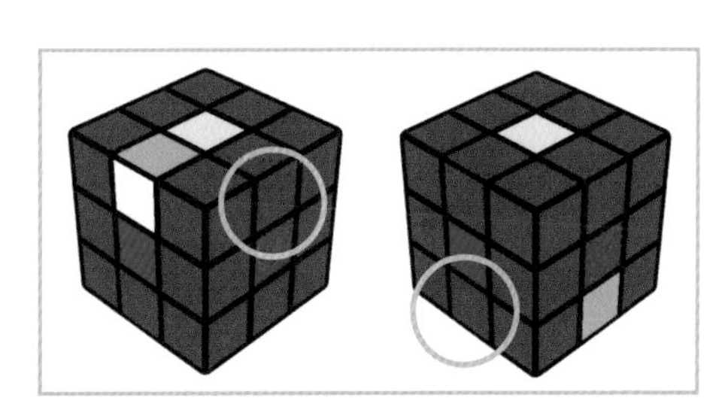

D. 学习对齐位置

在对好底面相对位置的时候，一开始不用考虑与中心颜色对齐。

如果相对位置完全正确，4个白色棱块的顺序分别为白红、白绿、白橙、白蓝。此时只需旋转底层，4个白色棱块就可以对齐中心。

对齐相对位置：十字相对位置正确一起，旋转底层即可对齐中心。

旋转一下对齐

旋转二下对齐

对齐

## 三阶提速第二步

A. 任务目标

完成黄色十字之后，完全拼好黄色顶面。

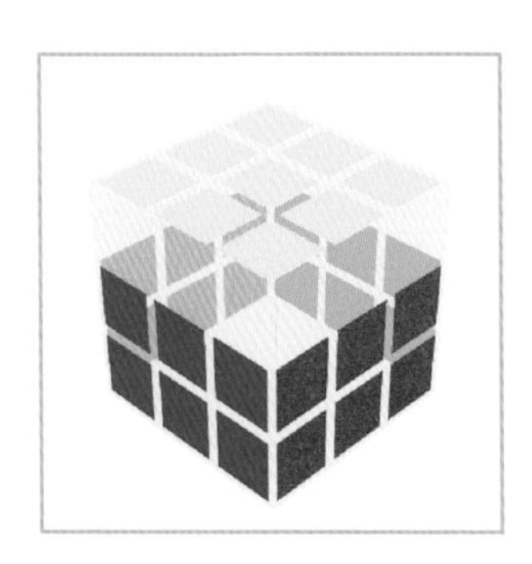

B. 顶面复原提速公式

三阶魔方黄色十字完成后，顶面会出现的7种情况。

首先是小鱼1和小鱼2的情况。

魔方公式中“左左”=“右右”，魔方旋转一层都是180°，一些魔友喜欢交换“左左”和“右右”，获得更加舒适的手感。

小鱼1：下右上右下右右上（左左）

小鱼2：上左下左上左左下（右右）

二空提速位置＋方法。

小鱼2+ 小鱼1

（双层）上左下右
（双层）下顺上逆

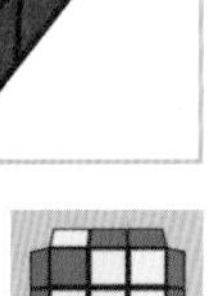

逆（双层）上左下右
（双层）下顺上

四空提速位置＋方法。

上右右，下下右
上上右，下下右右，上

上左左下右
上左下右，上右下

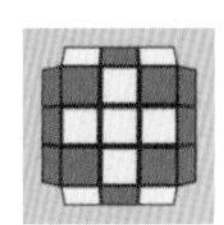

## 三阶提速第三步

A. 任务目标

最终的胜利，快速复原魔方。

B. 顶层棱块复原提速公式

三棱换情况：去右和去左。

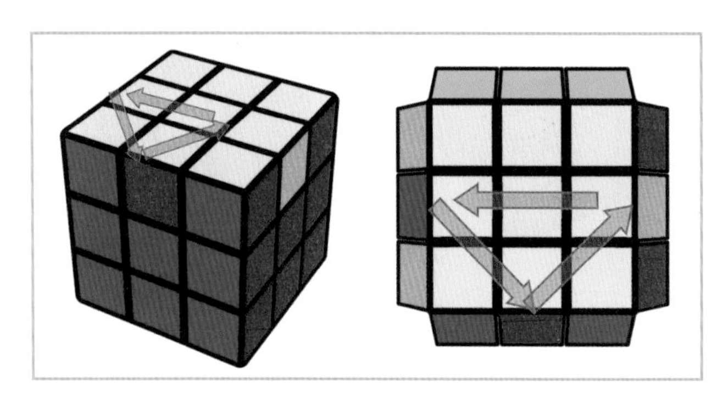

三棱换去右：上右上，左上左上，右下右下下

记忆：皇上游山，坐上坐上，游侠游戏戏。

皇上游山玩水（上右上），坐上坐上缆车（左上左上），在里面打游侠游戏（右下右下下）。

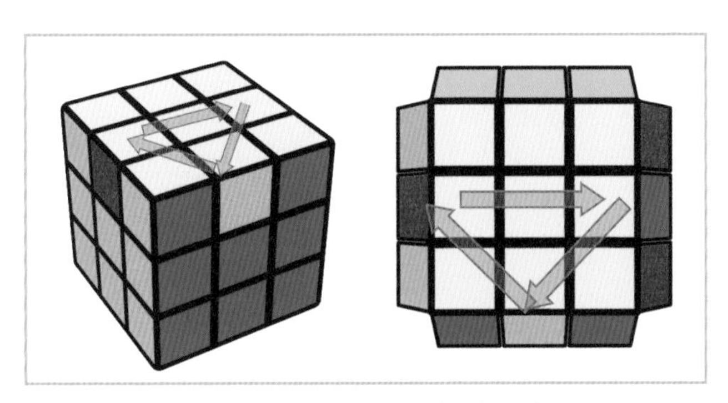

三棱换去左：上，上左上左，下右下右，下左下

记忆：商重复右手，瞎做虾。

商人（上）重复右手手法（上左上左，下右下右）瞎做虾（下左下）。

四棱换情况：十字对棱换和侧面邻棱换。

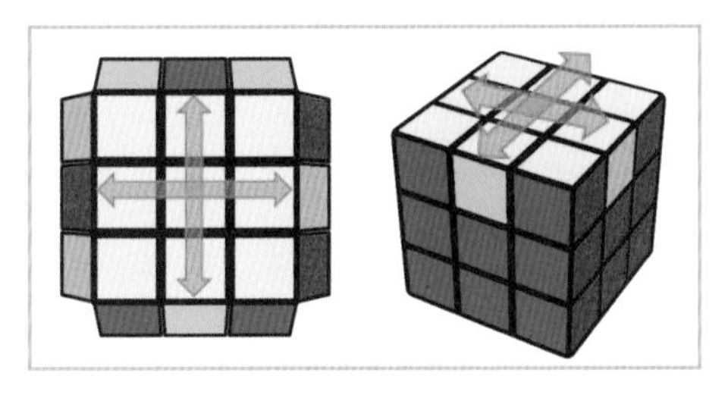

十字对棱换：中二右，中二右右，中二右，中二

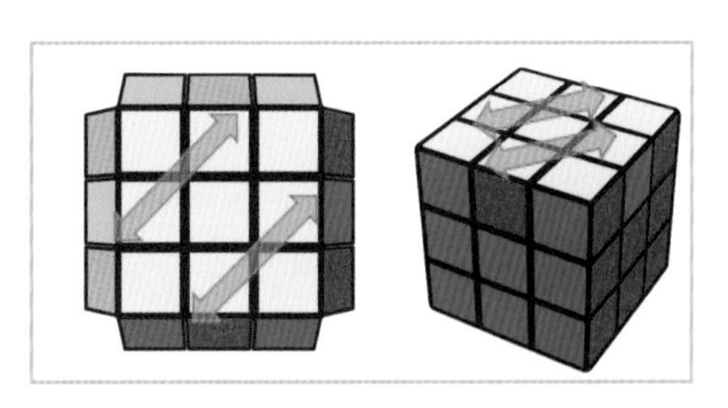

侧面邻棱换：中二左，中二左，中左左，中二左左，中左左

# 纵观天下 魔界传说

## 送给魔友的建议

以下是送给魔友和魔方爱好者的一些建议，希望能帮助同学们更好地玩转魔方，提升复原速度，发现更多样、更深层的乐趣。

### 一、解法技巧

魔方复原，很重要的就是解法技巧。假如魔方是同样的打乱顺序，水平越高的选手，解法相对会越好。基础层解法会超过100步，CFOP 解法在40到60步，运气好的 CFOP 解法可以在40步以内。为了优化解法、减少步骤，很多魔友在探索过程中会总结出自己的公式，可以根据个人情况调整创新。

### 二、平和心态

真正的魔方大神都经过了长期的训练，荣耀背后是海量的练习，很多人每天都会专心训练2小时以上。因此，想要取得好成绩，一定要踏踏实实地静下心来练习，遇到瓶颈和挫折时及时调整心情，始终保持平和的心态。

### 三、系统练习

每天给自己制订计划，例如，每天测试10次、20次、50次、100次都可以。比如大家规定自己每天练习50或100次，不管在什么情况下都要完成。我一直在这样练习，每天记录自己的平均复原时间，渐渐地就可以看到进步，以及最快成绩的不断刷新。

### 四、参加比赛

你可以尝试着参加比赛，与魔友进行 PK 交流，相互交流各自的经验、技巧和公式，这可能会给你更多的帮助。和相同水平的选手一起竞技，对于提高平均速度是非常有效的。

五、主动学习

你可以多看一些论坛和网站，学习更多的公式和国外高手的解法。公式没背完不要去盲目地练习，如果只掌握基础方法，就很难仅通过练习来提高水平。因此，可以先将提速的公式背完，再逐步学习高效解法，从而不断提高成绩。

六、连贯预判

魔方速拧的时候，我觉得手速不是最重要的，魔方的容错性不是最重要的，背的公式多与少也不是最重要的，那最重要的是什么呢？连贯预判，即复原的时候，是否能预判接下来的步骤，做到无停顿复原是最好的。

很多选手的手速很快，但是成绩不快，就是因为在复原的时候停顿太多了，不能预判后面的情况。顶级高手在这一点上通常做得很好。但是要怎么练习呢？从短的两步、三步、四步的打乱开始预判，慢慢适应，直到预判更多的步骤，最后边预判边练习。

七、擅长项目

寻找自己最擅长的项目，比如说我很喜欢二阶，对二阶的练习就非常多。有些选手喜欢金字塔，就一直练习金字塔。如果你觉得盲拧很有意思，可以多多练习盲拧。在某些项目上取得好成绩，能站上领奖台，甚至打破纪录，对强化自信心是很有帮助的。

选择自己的项目时要考虑实际情况。三阶魔方的竞争太激烈了，新手很难跟那些已经练了很多年的选手竞争，极难打破纪录，所以推荐你找一些自己擅长的项目重点练习。

八、六面底

大多数魔友都是先完成白色十字，然后完成白色底面的复原，最后再完成黄色顶面的复原。而顶级高手则练习六面底，通过观察所有颜色的底面情况，找到最优的底面，从而更快速地完成复原。当然，六面底练习非常难，需要先达到较高的水平，再进行针对性练习。

### 九、竞速魔方

竞速魔方有防卡槽和曲面槽，可以减少摩擦，大幅提升转动流畅性。同时适量的润滑油也能提升转动速度。目前顶级的魔方产品是磁力魔方，通过磁力使得魔方定位准确，极大地加强稳定性，非常适合比赛。

### 十、反应速度

速拧魔方对于反应速度的要求较高，需要快速观察，结合预判一步到位，从而实现魔方一直在旋转的效果。反应速度是重中之重，手眼脑三者共同配合，是魔方速拧运动的意义所在。在这样的飞速转动中观察魔方的形态，同时大脑思考计算，快速反应到下一步，对于提升魔方还原速度和脑力都有非常大的帮助。

## 突破瓶颈

瓶颈期是每个魔友都会遇到的，而且会经常遇到。我三阶最长的瓶颈期长达三年，在2013年打破中国纪录的9.35秒之后，直到2016年我才再次打破了自己的这个成绩，在此期间，我的魔方成绩没有任何提升，若不是因为有浓厚的兴趣，恐怕早就坚持不下去了。

魔方的瓶颈期，主要体现在比赛成绩停滞不前，但在练习时是有机会去打破这个成绩的，哪怕只是偶尔有所突破，也不能轻言放弃。

此外，我还会思考更多的方法，看看新的公式有没有背，看看转体是不是太多了，看看手法是不是标准的，同时主动学习高手的解法。高手是怎么解的呢？为什么我的解法没有像他一样？通过新方法改进技巧，一段时间之后可能会有突破。

最后，如果依然无法提高成绩，你可以尝试将这个魔方放一段时间，去练习其他的魔方。这样可以让自己的综合实力更加全面，同时在其他魔方上面的进步也会给你更多的信心。

## 字母公式简介

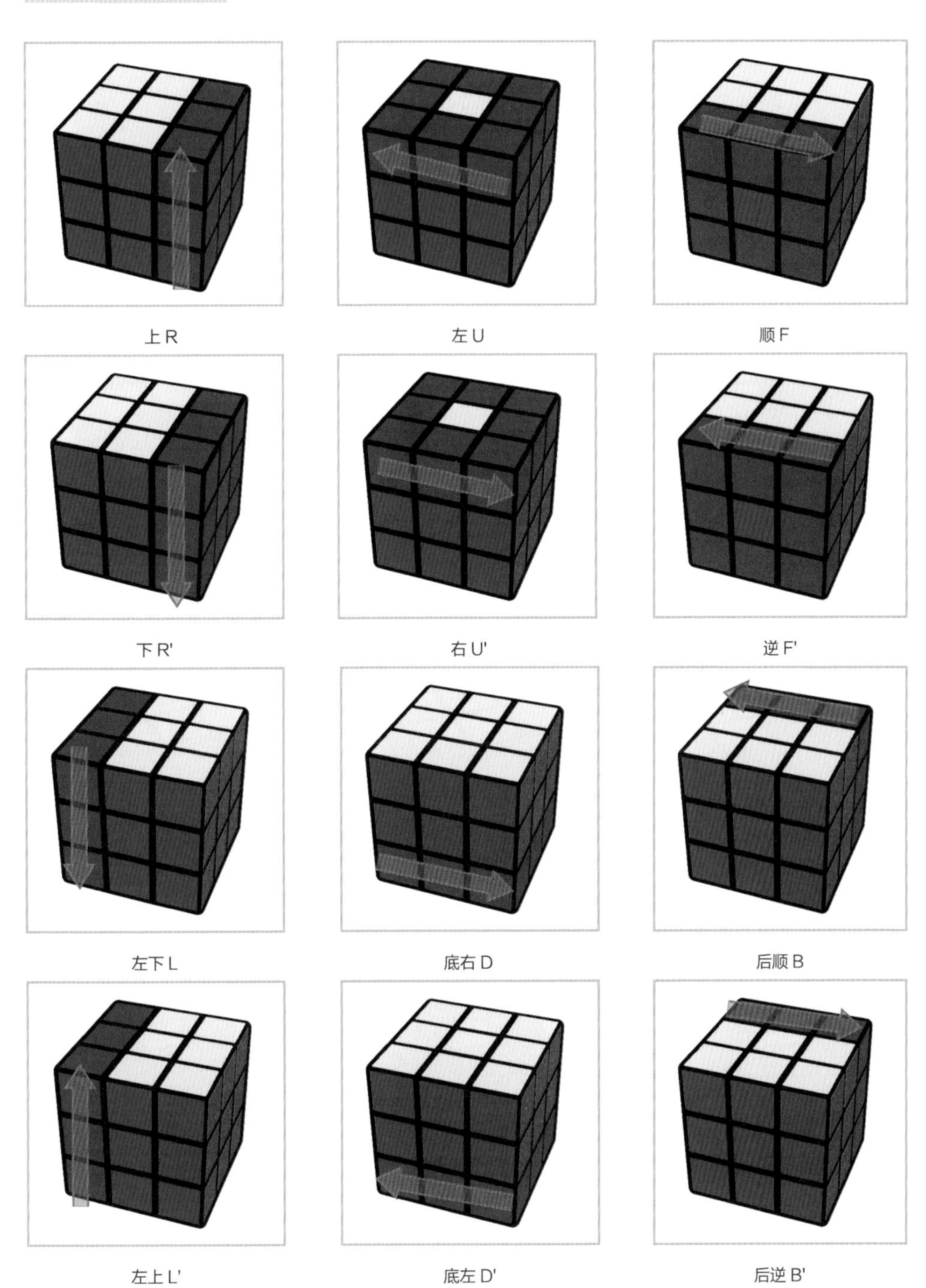

上 R　　左 U　　顺 F

下 R'　　右 U'　　逆 F'

左下 L　　底右 D　　后顺 B

左上 L'　　底左 D'　　后逆 B'

双上 r

双左 u

双顺 f

双左下 l

双底右 d

双后顺 b

中层下 M

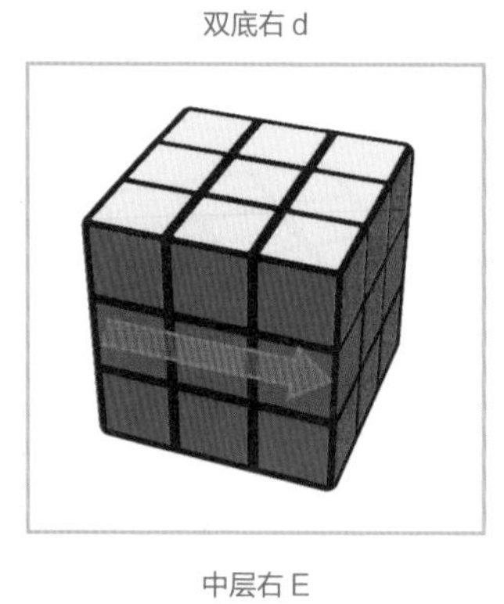

中层右 E

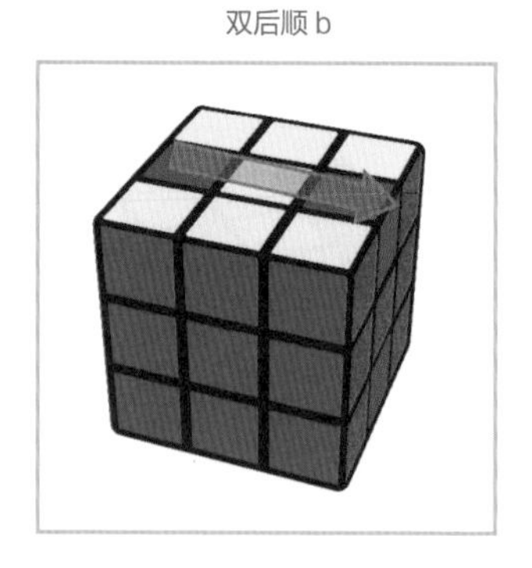

中层顺 S

转体上 x

转体左 y

转体顺 z

## CFOP 简介

速解魔方公式的创始人是美国宾汉顿大学教授弗雷德里奇，她设计了 CFOP 公式。CFOP 方法是目前魔方高手最喜爱的复原方法，共有119个公式，分为4个步骤。

CFOP 使得世界魔方速拧最好成绩突破4秒大关，杜宇生使用 CFOP 方法创造了3.47秒复原三阶的世界纪录。

CFOP 复原四步法：：

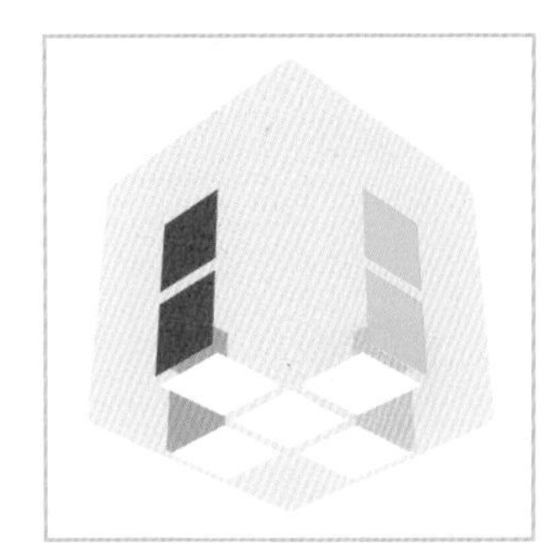

复原底层十字

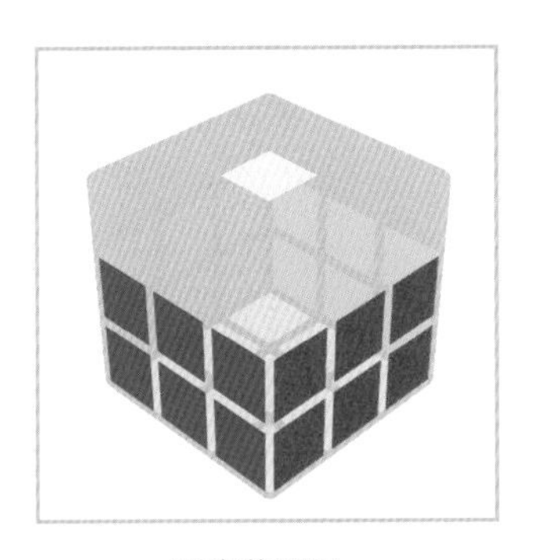

同时对好两层

调整好最后一层的朝向

调整好最后一层的顺序

Cross（C）——>First 2 layers（F2L）——>Orientation of last layer（OLL）——>Permutation of last layer（PLL）

## CFOP-F2L

A. 基本情况

| | | | |
|---|---|---|---|
| | U (R U' R') | | U (R U' R') |
| | y' (R' U' R) | | (R U R') |

B. 顶面异色

| | | | |
|---|---|---|---|
|  | U' (R U' R' U)<br>y' (R' U' R) |  | U' (R U R' U)<br>(R U R') |
|  | U' (R U2' R' U)<br>y' (R' U' R) |  | R' U2' R2 U R2' U R |
|  | y' U (R' U R U')<br>(R' U' R) | 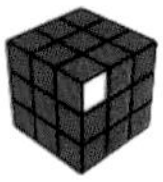 | U' (R U' R' U)<br>(R U R') |

C. 顶面同色

| | | | |
|---|---|---|---|
|  | (U' R U R')<br>U2 (R U' R') |  | y' (U R' U' R)<br>U2' (R' U R) |
|  | U' (R U2' R')<br>U2 (R U' R') |  | y' U (R' U2 R)<br>U2' (R' U R) |

D. 白色朝上，角棱分开

| | | | |
|---|---|---|---|
|  | U (R U2' R')<br>U (R U' R') |  | y' U' (R' U2 R)<br>U' (R' U R) |
|  | U2 (R U R' U)<br>(R U' R') |  | y' U2 (R' U' R)<br>U' (R' U R) |

E. 白色朝上，角棱合并

| | | | |
|---|---|---|---|
|  | y' (R' U R) U2'<br>y (R U R') |  | (R U' R' U2)<br>y' (R' U' R) |
|  | (R U2 R')<br>U' (R U R') |  | y' (R' U2 R)<br>U (R' U' R) |
|  | U (R U' R' U')<br>(R U' R' U)<br>(R U' R') |  | y' U' (R' U R U)<br>(R' U R U')<br>(R' U R |

F. 角下棱上

| | | | |
|---|---|---|---|
|  | U' F' (R U R' U') R' F R |  | U (R U' R')<br>U' (F' U F) |
|  | (R U' R' U)<br>(R U' R') |  | y' (R' U R U')<br>(R' U R) |
|  | y' (R' U' R U)<br>(R' U' R) |  | (R U R' U')<br>(R U R') |

G. 角上棱中

| | | | |
|---|---|---|---|
|  | (R U' R' U)<br>y' (R' U R) |  | (U R U' R')<br>(U R U' R')<br>(U R U' R') |
|  | (U' R U' R')<br>U2 (R U' R') |  | U (R U R')<br>U2 (R U R') |

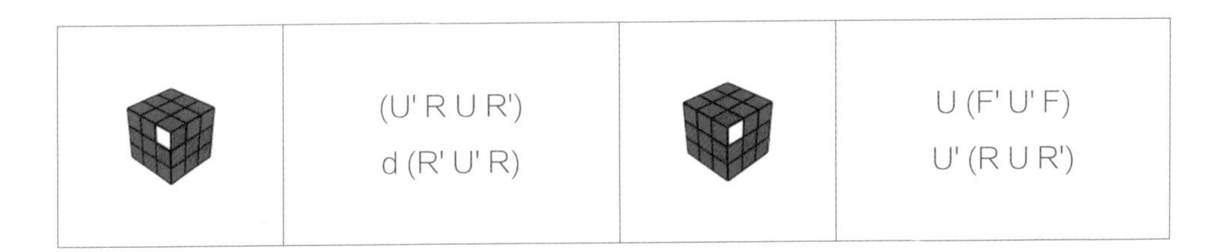

| | | | |
|---|---|---|---|
| | (U' R U R')<br>d (R' U' R) | | U (F' U' F)<br>U' (R U R') |

H. 角下棱中

| | | | |
|---|---|---|---|
| | (R U' R' U')<br>R U R' U2 (R U' R') | | (R U' R' U)<br>(R U2' R')<br>U (R U' R') |
| | (F' U F)<br>U2 (R U R' U)<br>(R U' R') | | (R U R' U')<br>(R U' R')<br>U2 y' (R' U' R) |
| | (R U' R')<br>d (R' U2 R)<br>U2' (R' U R) | | |

# CFOP–OLL

## A. 十字完成的情况

| | | | |
|---|---|---|---|
| 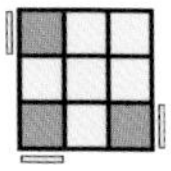 | R U2 R' U' R U' R' | 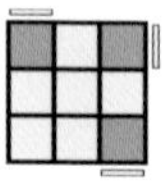 | R U R' U R U2' R' |
| 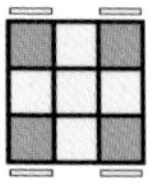 | (R U2 R')<br>(U' R U R')<br>(U' R U' R') | 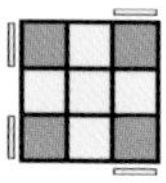 | R U2' R2' U' R2 U' R2'<br>U2' R |
| 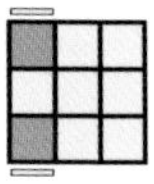 | (r U R' U')<br>(r' F R F') | 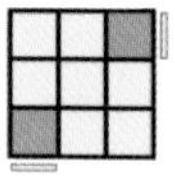 | y F' (r U R' U') r' F R |
| 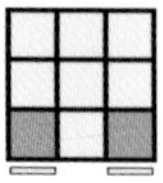 | R2 D (R' U2 R)<br>D' (R' U2 R') | | |

## B. T形 / 方形 /C形 /W形

| | | | |
|---|---|---|---|
| 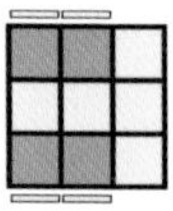 | (R U R' U')<br>(R' F R F') | 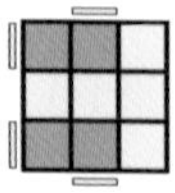 | F (R U R' U') F' |

| | | | |
|---|---|---|---|
| 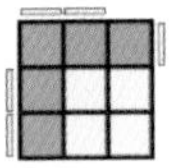 | (r' U2' R U R' U r) | 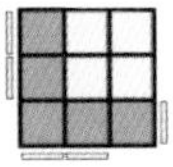 | (r U2 R' U' R U' r') |
| 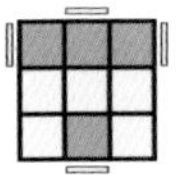 | (R U R2' U')<br>(R' F R U) R U' F' | 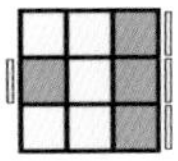 | R' U' (R' F R F') U R |
| 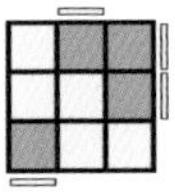 | (R' U' R U')<br>(R' U R U) l U' R' U x | 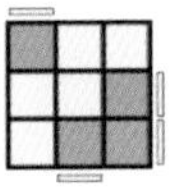 | (R U R' U)<br>(R U' R' U')<br>(R' F R F') |

C. 四角完成 /P 形

| | | | |
|---|---|---|---|
| 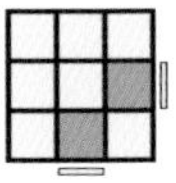 | (r U R' U')<br>M (U R U' R') | 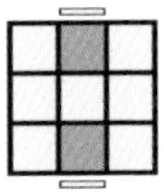 | (R U R' U')<br>M' (U R U' r') |
| 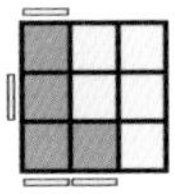 | (R' U' F)<br>(U R U' R') F' R | 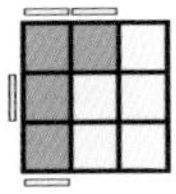 | R U B' (U' R' U)<br>(R B R') |
| 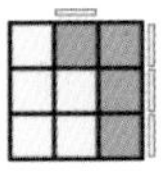 | y R' U' F' U F R |  | f (R U R' U') f' |

D. 一字 / 大鱼

| 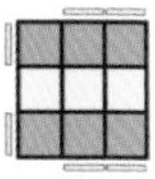 | f (R U R' U')<br>(R U R' U') f' | 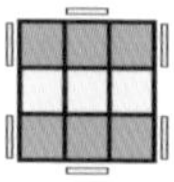 | r' U' r (U' R' U R)<br>(U' R' U R) r' U r |
|---|---|---|---|
| 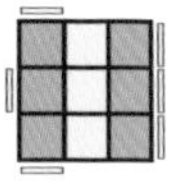 | (R' U' R U' R' U)<br>y' (R' U R) B | 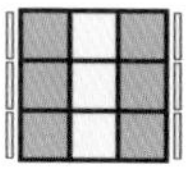 | y (R' F R U)<br>(R U' R2' F')<br>R2 U' R' (U R U R') |
| 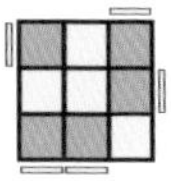 | (R U R' U')<br>R' F (R2 U R' U') F' | 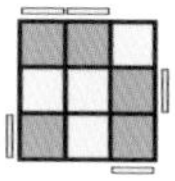 | (R U R' U)<br>(R' F R F')<br>(R U2' R') |
| 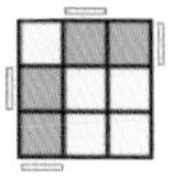 | (R U2')<br>(R2' F R F')<br>(R U2' R') | 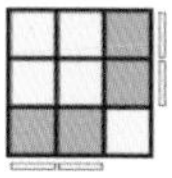 | F (R U' R' U')<br>(R U R' F') |

E. 弯刀 / 长矛

| 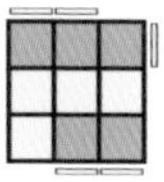 | (r U' r')<br>(U' r U r')<br>y' (R' U R) | 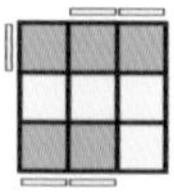 | (R' F R)<br>(U R' F' R)<br>(F U' F') |
|---|---|---|---|
| 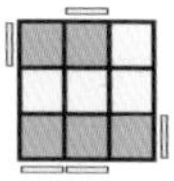 | (r U r')<br>(R U R' U')<br>(r U' r') | 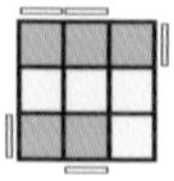 | (r' U' r)<br>(R' U' R U)<br>(r' U r) |

| | | | |
|---|---|---|---|
| 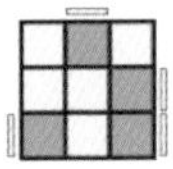 | y (R U R' U')<br>(R U' R')<br>(F' U' F)<br>(R U R') | 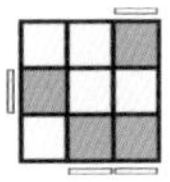 | y' F U (R U2 R' U')<br>(R U2 R' U') F' |
| 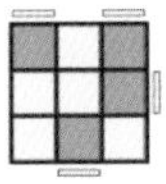 | (R U R' U R U2' R')<br>F (R U R' U') F' | 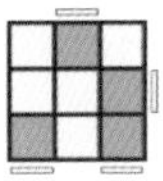 | (R' U' R U' R' U2 R)<br>F (R U R' U') F' |

F. L形

| | | | |
|---|---|---|---|
| 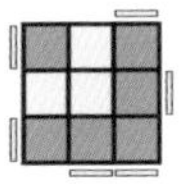 | F (R U R' U')<br>(R U R' U') F' | 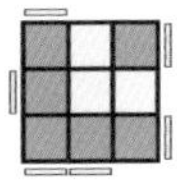 | F' (L' U' L U)<br>(L' U' L U) F |
| 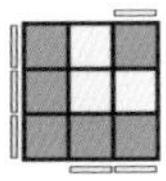 | r U' r2' U r2 U r2' U' | 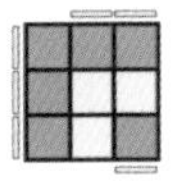 | r' U r2 U' r2' U' r2 U r' |
|  | (r' U' R U')<br>(R' U R U') R' U2 r | 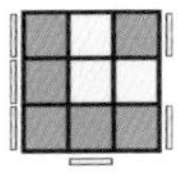 | (r U R' U)<br>(R U' R' U) R U2' r |

G. 闪电

| | | | |
|---|---|---|---|
| 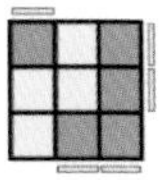 | (r U R' U R U2' r') | 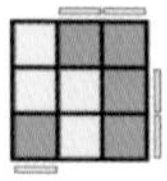 | (r' U' R U' R' U2 r) |
| 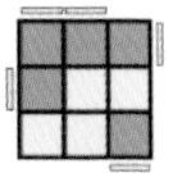 | r' (R2 U R' U R U2 R') U M' | 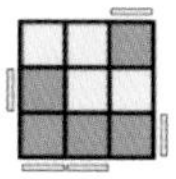 | M' (R' U' R U' R' U2 R) U' M |
| 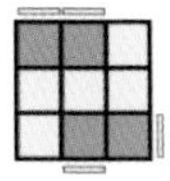 | (L F') (L' U' L U) F U' L' | 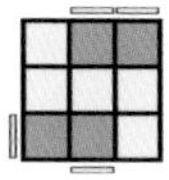 | (R' F) (R U R' U') F' U R |

H. 点

| | | | |
|---|---|---|---|
| 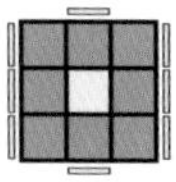 | (R U2') (R2' F R F') U2' (R' F R F') | 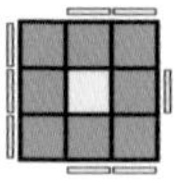 | F (R U R' U') F' f (R U R' U') f' |
| 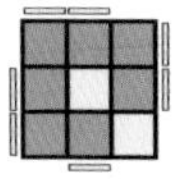 | f (R U R' U') f' U' F (R U R' U') F' | 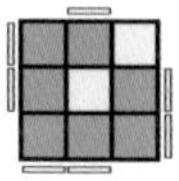 | f (R U R' U') f' U F (R U R' U') F' |

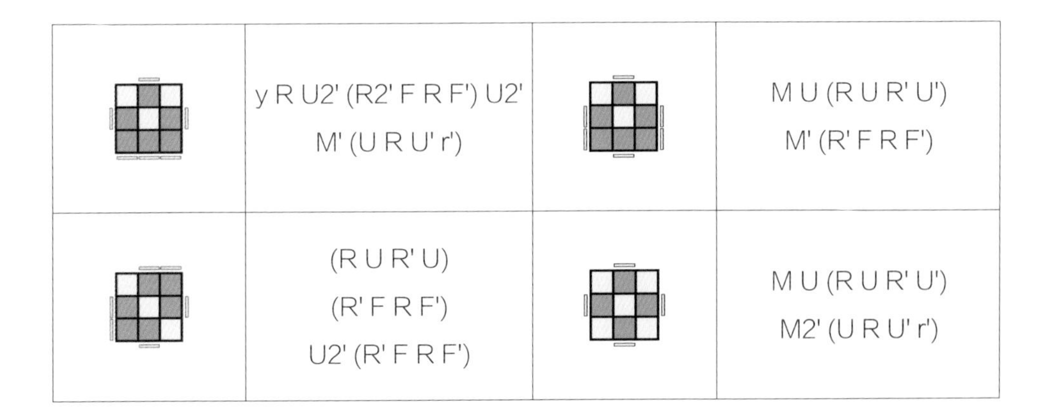

| | | | |
|---|---|---|---|
| | y R U2' (R2' F R F') U2'<br>M' (U R U' r') | | M U (R U R' U')<br>M' (R' F R F') |
| | (R U R' U)<br>(R' F R F')<br>U2' (R' F R F') | | M U (R U R' U')<br>M2' (U R U' r') |

## CFOP-PLL

A. 中心棱换

| | | | |
|---|---|---|---|
| | R2 U (R U R' U')<br>R' U' (R' U R') | | (R U' R U)<br>R U (R U' R' U') R2 |
| | (M2' U M2' U)<br>(M' U2)<br>(M2' U2 M') [U2] | | (M2' U M2')<br>U2 (M2' U M2') |

B. 拐角棱换

| | | | |
|---|---|---|---|
| 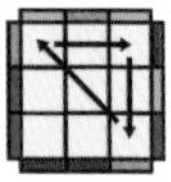 | x (R' U R')<br>D2 (R U' R') D2 R2 x' | 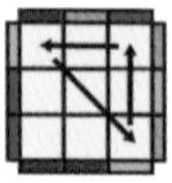 | x R2' D2 (R U R')<br>D2 (R U' R) x' |
| 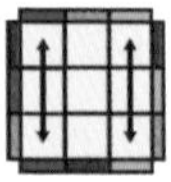 | x' (R U' R' D) (R U R' D')<br>(R U R' D) (R U' R' D') x | | |

C. 相邻角换

| | | | |
|---|---|---|---|
| 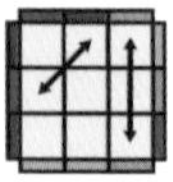 | (R U' R' U')<br>(R U R D)<br>(R' U' R D')<br>(R' U2 R') [U'] | 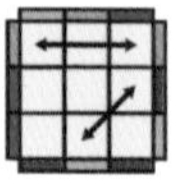 | (R' U2 R U2')<br>R' F (R U R' U')<br>R' F' R2 [U'] |
| 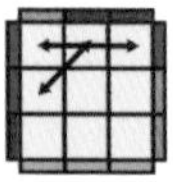 | (R' U L' U2)<br>(R U' R' U2 R) L [U'] | 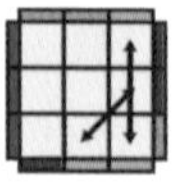 | (R U R' F')<br>(R U R' U') R' F R2 U' R'<br>[U'] |
| 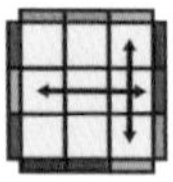 | (R U R' U')<br>(R' F R2 U') R' U'<br>(R U R' F') | 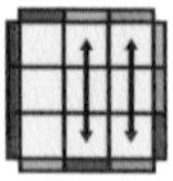 | (R' U' F')<br>(R U R' U')(R' F R2 U')<br>(R' U' R U)(R' U R) |

D. 相对角换

| | | | |
|---|---|---|---|
| 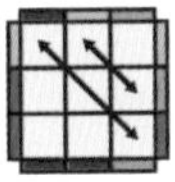 | (R' U R' U')<br>y (R' F' R2 U')<br>(R' U R' F) R F | 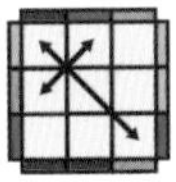 | F (R U' R' U')<br>(R U R' F')<br>(R U R' U')<br>(R' F R F') |
| 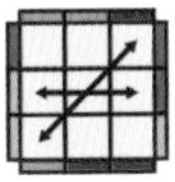 | (RUR'U)(RUR'F')<br>(RUR'U')(R'FR2U')<br>R' U2 (RU'R') | 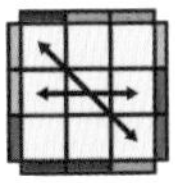 | (R' U R U')<br>(R' F' U' F)<br>(R U R' F)<br>R' F' (R U' R) |

E. 复杂交换

| | | | |
|---|---|---|---|
| 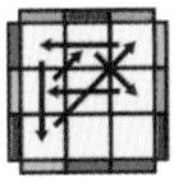 | R2 U (R' U R' U')<br>(R U' R2) D U'<br>(R' U R D') [U] | 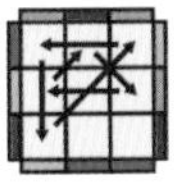 | (F' U' F)<br>(R2 u R' U)<br>(R U' R u') R2' |
| 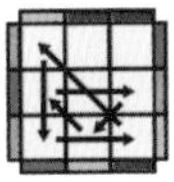 | R2 U' (R U' R U)<br>(R' U R2 D')<br>(U R U' R') D [U'] | 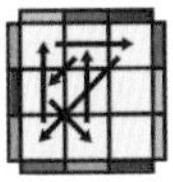 | D' (R U R' U')<br>D (R2 U' R U')<br>(R' U R' U) R2 [U] |

## 桥式解法简介

桥式复原四步法：

桥式的名字是一个约定的叫法，因为桥式需要复原两组1×2×3块，每一组称作一个桥，好似搭桥一样建立起来。这些块的复原几乎决定了整个魔方复原的速度，是桥式解法中最有趣的部分。此解法的一个优点是步骤简洁直观。在最少步复原时，对此方法稍加改进，就可能会得到一个相当不错的成绩。

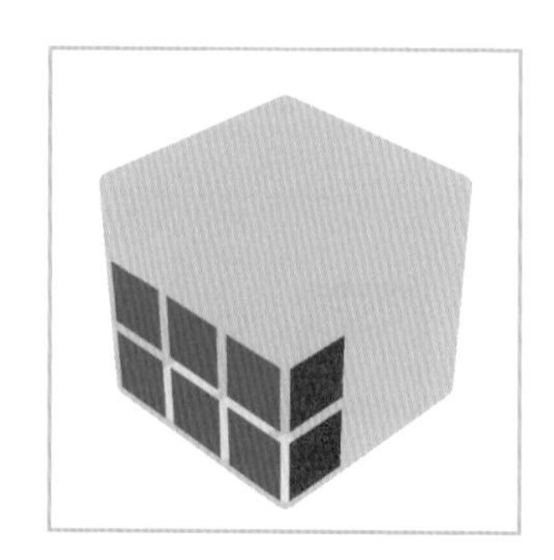

左面拼好一个1×2×3块

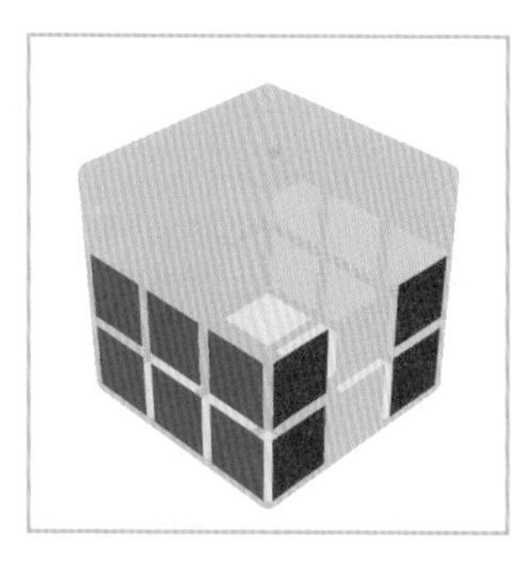

右面拼好一个1×2×3块

解决剩下4个角块

解决剩下6个棱块和中心块

## 二阶 EG 简介

二阶 EG 两步法：

EG 法使用全新的二阶公式，分为 CLL+EG1+EG2 共3种情况，整体被称为 EG 法。EG 法共有120个公式，相对来说更加复杂。EG 法的优点是能利用观察时间将所有步骤计算出来，而不需要在复原的过程当中停顿。将快速观察与预判相结合起来直接复原二阶魔方，实际的效果非常好。

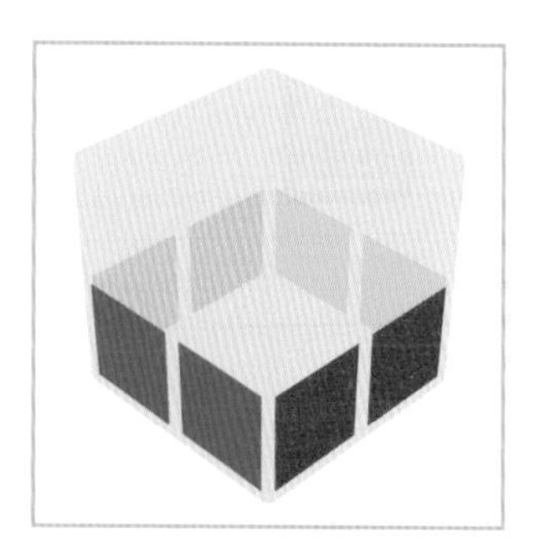

CLL

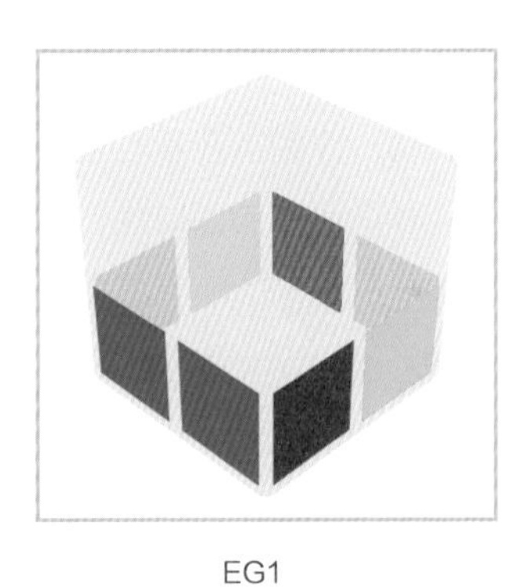
EG1

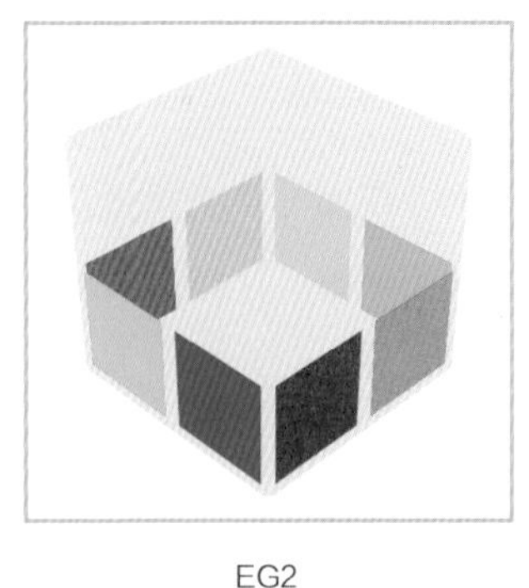
EG2

直接复原二阶魔方

CLL——> 底面复原 + 底层颜色完全正确时，顶层直接复原。

EG1——> 底面复原 + 底层相邻角块正确时，底层相邻角块归位 + 顶层直接复原。

EG2——> 底面复原 + 底层相对角块正确时，底层相对角块归位 + 顶层直接复原。

## 高阶复原简介

还记得之前讲的33阶魔方吗？总共由6153个连接在一起的构件组成，使用3D打印制成。那可是世界上最高阶的魔方，但是没有量产。

目前，世界上量产的最高阶魔方是17阶魔方。这个大家伙重3千克，由1947个零件构成。17阶魔方的外层往往比内层要宽，同时整个魔方呈现的是面包型而非立方体，主要是为了增大中心块到轴心的距离，并缩小角块到轴心的距离，保证魔方可以转动。

事实上，无论是33阶还是17阶魔方，相比7阶魔方难不了多少。你一定会说这怎么可能呢？33阶比7阶魔方多那么多块……

其实，高阶魔方的复原流程都是：复原中心块一复原棱块一完全复原。高阶复原采用的是降阶法体系，将高阶魔方转化成三阶魔方的形式复原。因为七阶以上的魔方没有任何新的公式，降阶之后和三阶魔方的复原方法是一样的，所以说高阶魔方并没有想象的那么难。

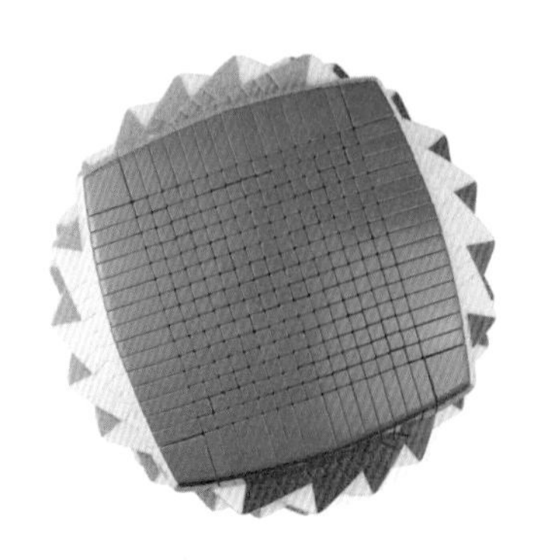

## 盲拧魔方简介

盲拧是过程中不用眼睛看魔方，仅通过记忆来进行魔方复原。计时是从第一眼看到魔方开始，记忆魔方时间也算在内。盲拧对记忆力和空间想象力是极大的考验。

以三阶魔方为例，三阶魔方由26块组成，其中有6个中心块、8个角块、12个棱块。在记忆及复原过程中，中心块是相对固定的，只要始终记住颜色的位置和朝向，就可以按照盲拧的新方法复原。

复原过程中以6个中心块作为魔方的定位，另外的20个块每一个都存在着位置和方向的问题，只要将这两个问题解决，就可以实现魔方的复原。

角块有3种颜色，只有方向正确、顺时针转、逆时针转三种方向。

棱块只有2种颜色，只有方向正确、方向反转两种方向。

因此，可以通过一套固定的编码方法，将这20个块的当前状态进行编码再进行记忆，随后利用盲拧公式逐步复原整个魔方。

## 魔方界的天才——菲利克斯

菲利克斯·曾姆丹格斯，魔方界的超凡天才。魔方界有一句传说：魔方速拧界只有一个神，这个神就是菲神。他在魔方速拧上创造的奇迹前无古人，后也难有来者，实力是真正的空前绝后。

魔方发展至今已经40多年，各个项目纪录都达到了前所未有的高度，任何一个项目，想要打破世界纪录都十分困难。菲神，作为魔方界的超凡天才，他创造的纪录更是无人超越。截至目前，菲神总共打破了121次世界纪录，203次大洋洲纪录和6次国家纪录。

2008年4月，13岁的菲神学会魔方，开启了他的魔方传奇生涯。

2009年7月，第一次比赛，菲神以10.05秒的单次成绩和12.55秒的平均成绩同时打破了三阶魔方的大洋洲纪录。在这次比赛中，菲神在二阶、三阶、四阶、五阶、单手、三盲6个项目中，全部打破了大洋洲纪录。

2010年1月，第二次比赛，菲神打破了三阶、四阶的世界纪录，以及14项大洋洲纪录。

同年6月，第三次比赛，菲神打破了11项大洋洲纪录。

同年7月，第四次比赛，菲神打破了三阶、四阶的世界纪录，8项大洋洲纪录。

同年9月，第五次比赛，菲神打破了9项大洋洲纪录。

同年10月，第六次比赛，菲神打破了二阶、四阶的世界纪录，9项大洋洲纪录。

同年11月，第七次比赛，菲神一举打破了3项三阶和3项四阶的世界纪录。

……

此后，世界纪录就成了菲神的个人秀，不断地刷新魔友对于魔方的认知。

菲神的二阶不是强项，但仍然创造了世界纪录。四阶水平名列前茅，后来的成绩一直保持在世界前三。五阶魔方是绝对的统治地位，一次次地创造不可超越的奇迹。六阶和七阶不是主攻项目，后来练了一段时间，直接进入了世界前三。

极高的公式量、难以置信的手速、无间断的观察复原、匪夷所思的新思路以及全球顶级的天赋，造就了菲神的奇迹。如此短的时间，从学会魔方到世界第一，始终不断地刷新纪录。而且同时练习那么多的项目，只有专攻一个项目的顶级高手才能与他竞争，菲神真的是以一己之力战胜了全世界！

菲神这样的顶级天赋选手，是魔方界的超凡天才。现如今，三阶4.22秒的原单次世界纪录，5.53秒的平均世界纪录依然是最强的见证。564次冠军，103次亚军和57次季军的奇迹。从初出茅庐到一鸣惊人，菲神已然成为一个神话……

## 魔方盲拧冠军——格雷厄姆·希金斯

这个世界上，有很多人憧憬奇迹却又不相信奇迹。他们心底里期待着有朝一日能有某位勇士打破世界的桎梏和枷锁，而那些英雄和伟人，就是为了人们心中的梦想和渴望而诞生的。

魔方竞速的赛场之上，最难的玩法莫过于盲拧，其中最困难最不可思议的项目是多个三阶魔方盲拧。曾经的世界纪录是马思考于2013年创造的54分钟完成全部41个三阶魔方盲拧，在多盲项目上，他的地位多年以来从未被撼动。

这期间，无数挑战者发起对多盲纪录的挑战，虽有选手成功突破，但是新纪录只是增加到了42、43个。直到2019年11月，美国魔方盲拧冠军格雷厄姆·希金斯创造了新的盲拧奇迹，60分钟完成全部59个三阶魔方盲拧。

格雷厄姆·希金斯，当之无愧是当代盲拧最强选手！魔方全项目样样精通，三盲、四盲、五盲、多盲更是出神入化，是多盲项目的世界第一。

为了理解这个纪录多么不可思议，我们需要知道他的多盲是怎么做到的。首先，他需要记忆59个魔方的初始状态，除去6个固定的中心块，每个魔方有20个块。盲拧需要同时记忆每个块的方向和位置，记忆信息总量大约2400个。比赛最多1小时，是包括记忆时间的和复原时间一起的。

之后，依次将每个魔方复原，复原魔方的过程中，块的位置都是快速变化的，还要同时回忆魔方的瞬时状态，并且思考下一步该怎么做，这期间不能出现任何失误。多盲比拼的是长期记忆、瞬时记忆和手脑协调，综合难度极大。最后，多盲的排名计算方法是成功数减去失败数作为有效数量，任何一个魔方复原失败都有非常严重的影响。

对于全球顶级高手，盲拧一个三阶魔方只有60％的复原成功率，而格雷厄姆·希金斯成功挑战连续盲拧59个魔方。奇迹并非偶然，更不是凭空祈求上天就能换来的无偿馈赠。成功的果实，永远属于那些付出最多心血和汗水的天才。59个魔方盲拧成功，绝对是不可思议的奇迹。

最后格雷厄姆·希金斯表示，自己实在是记不动了，无法集中注意力。他对59/60的成绩依然不是很满意，表示自己日常中创造过更好的纪录，希望可以在之后的比赛中展现出来。

事实上，格雷厄姆・希金斯在多盲界的地位不亚于菲神在正阶速拧界的地位。曾经41/41这个被神化了数年的多盲纪录，最终也被他创造的59/60纪录超越。很多时候，我们认为几乎不可能被打破的纪录，终有一天会被打破。这才是纪录存在的意义和魔方竞技的魅力。

## 马克斯・帕克的奇迹之路

2017年，世界魔坛依旧笼罩在菲神的阴影之下。在此之前，菲神刚刚获得三、四、五、六、七阶的单次和平均全部10项纪录的世界第一。他既是这个时代的领跑者，也是这个时代的统治者。菲神连续7年称霸世界魔方第一的宝座，让其他魔方高手看不到任何超越的希望，享受不到任何世界最高水平的荣誉。

菲神全方位的顶级优势，让每一位魔友都感到巨大压力。哪怕在最近几年涌现出的一批顶级高手，也在一次次和菲神的较量中败下阵来。菲神创下的世界纪录，一直只有他一个人孤独地打破。

但是，这个世界是存在奇迹的，马克斯・帕克就是这样的奇迹。他的英文全名是“Max Park”，魔方界尊称为“大公园”。当所有人不得不屈服于菲神的全方位压制之下，当所有人已经习惯赞颂菲神的伟大时，他站出来呐喊：“我会创造奇迹，此刻，开始我的表演！”

2017年4月23日，美国加利福尼亚的科斯塔梅萨，“大公园”严肃而专注地复原着面前的魔方，观察、放下、复原、拍表，前四次流畅顺滑，令“大公园”信心倍增。带着特有的自信和对世界纪录挑战的勇气，第五次复原开始了，观察和手速配合到极致，他手里的魔方飞速转动，一气呵成，5.60秒！

在人们的惊呼和掌声中，旁边的魔方裁判连忙上前紧张地对着成绩单核算。当平均世界纪录得到确认时，所有人振臂高呼，新的世界纪录诞生了，6.39秒！菲神6.45秒的世界纪录就此作古！此时此刻，世界步入了“大公园”三阶平均世界纪录的新时代！

三阶平均这一项世界纪录，自2010年1月30日起，由菲神9.21秒打破，一直到2017年4月23日被“大公园”刷新，过去了7年3个月，2641天。魔方界迎来无数高手的去与留，新鲜血液的涌入和昔日强者的淡出，见证了菲神独自一人孤傲地创造世界纪录，只是唯独没有任何一人可以超越。

这一切，从现在开始都结束了！笼罩在世界魔坛上的那一朵最大的乌云，此刻已经被“大公园”利刃般耀眼的光芒刺破了！ 6.39秒打破世界纪录的消息通过互联网火速传播到世界的每一个角落，就连菲神本人也在第一时间由衷地赞叹："马克斯·帕克就是传奇！"

2019年，马克斯·帕克创造了四、五、六、七阶和单手的单次和平均全部10项纪录的世界第一。他超越了菲神等众多世界级高手，站上了世界魔方锦标赛最高领奖台。为奇迹而生，马克斯·帕克就是这样，以自己的真正实力，打破了人们固执陈旧的看法，打破了菲神独孤求败的魔界格局。

# 后记

H O U J I

- 3周岁，生日快乐
- 2019世界魔方冠军大师邀请赛暨中国·灵宝魔方文化旅游节回顾

# 魔奥 3 周岁，生日快乐

创业维艰，转眼魔奥已三年；秉承初心，岁月不负有心人 。

## 价值观和初心决定了一家企业的基因

第一次见鹰豪是在16年的扬州，当时两个人坐在一起聊最强大脑、聊魔方。鹰豪给我留下印象最深的一句话是：“方老师，我想创办一家推动魔方的机构，不想只是简单地赚点钱，总有一天我会退役，热度也可能消退，但是我还是希望能够留在魔方这个行业。”和一些成名的魔方或者脑力选手不同，聊天的2个多小时，我没有听到要做魔方赚多少钱，听到的只有对魔方的热爱，当一个人把真心热爱变成了他自己的命，我想成功只是时间问题。这样的伙伴，也正是我在寻找的创业合伙人。

为了给公司起名我们花了不少心思，魔鹰的 LOGO 都设计好了，结果注册的时候，通不过。最后鹰豪说，方老师我们做魔方领域的奥运，魔奥由此诞生，魔奥发音近似于猫，后面就有了现在这个魔奥猫的设计。在这里，要感谢设计师陈红老师，改了不下15稿，才有了这只猫的样子。

2016年的8月29日，我和鹰豪在上海一起创办了魔奥科技，一家为中国魔方益智教育赋能的机构。领取营业执照的当天，鹰豪的父亲，亲自开车接送，并为我们在外滩找了一家餐厅，兄弟举杯庆祝魔奥诞生。创业的几年里，兄弟两个做了很多的探索，参与入股中大创投投资的机构、打造魔方宝盒、开设魔方师资班、投资智能魔方、创办魔奥魔方俱乐部、举办一起魔方城市联赛……虽然辛苦，但依然坚持向前。

投资，不仅仅投人。

在魔奥发展的这3年，也参与过很多与魔方有关的项目，里面最痛的当属智能魔方。当时鹰豪把研发团队推荐来的时候，我们对智能魔方也是一知半解。但是能预感到，未来这个小家伙会有无穷的魔力。

研发团队也花了很多的时间，不断改进智能魔方，但是技术迟迟不过关，加上后续投入资金严重不足，尽管拥有先于对手的技术发明，但在小米加入竞投之后，只能眼睁睁地看着竞争对手的计时魔方上市，耽误了最佳的时机，魔奥可谓是起了个大早，赶了个晚集。从魔方培训到智能硬件领域，竞争已不再局限于魔方本身，而是扩展到资本、团队、渠道等多个维度。投资，人是第一位的，魔奥为魔方情怀交了一笔巨大的认知税，但是如果我们再遇到类似的机会，可能依然会做出同样的投资决定，只是考察的过程会更加严格。创业，人永远是第一位的，倘若你不了解他，那也说不上投人，倒不如考核整个团队，这会来得更靠谱。如果从老板到团队，都是打工者心态，没有拼尽全力的决心，那我们就不会投资，更谈不上拉着脸站台找资源了。约翰·列侬曾说："所有事到最后都会是好事。如果还不是，那它还没到最后。"虽然错过了最佳开局，但是智能魔方，还远没到说再见的时候，未来，期待着它的华丽转身。永不放弃、永不独行，是我与鹰豪共同秉持的信念。

## 借鸡生蛋 终不是自己的

在魔奥创办之初，为了省钱，我和鹰豪没有设置办公室。当时我们兄弟二人琢磨，专业的人做专业的事，将魔方宝盒的市场分包出去可能更好。上海脑王星的孙总，也很爽快地答应给魔奥一间办公室。一切看起来都很美好，但是做事业，创业者如果不能亲力亲为，那出问题的概率几乎是100%的。果不其然，魔方宝盒的推广，销量受阻，合作方认为我们参与度不够，当然，这也与当时的魔方前期宣传铺垫不够有着很大的关系。在一个想法各异，无法形成合力的团队里，很难做出优秀的产品。那个时候，我和鹰豪在上海，我一边带着魔奥，一边担任着上海脑力机构的CEO，鹰豪也是各地上课，兄弟两个忙得焦头烂额，结果大家可想而知，成功没有容易的事。我父亲说过一句话，谁有也不如自己有，用在那个时候的魔奥，简直最恰当不过。还是要自己做，借鸡生蛋，鸡不是你的，到最后连蛋都不是你的。下定决心，我们兄弟，将魔奥的总部定在了复旦科技园大厦，鹰豪有句话，把大家都逗乐了：如果考不上复旦，就来复旦科技园的魔奥吧，幽默中，透露出对未来事业的无比信心。

## 飞机上聊出来的魔方俱乐部

公司的场地有了，作为一家魔方益智教育赋能的平台，如何打开局面呢？有一次在回上海的飞机上，我和鹰豪聊足球，突然聊到了俱乐部，对呀，魔奥可以组建魔方俱乐部，通过俱乐部对会员提供教学支持，一拍即合。厦门的学之源公司举办年会，昆山的程总为我们牵了线，大家都有意合作，魔奥魔方俱乐部的第一批会员由此诞生。魔方的师资班、魔方产品、魔方课程合作，魔方的赛事等，都一起打包到俱乐部。从俱乐部成立以来，全国各地的机构伙伴，纷至沓来。真心感谢各位伙伴的支持，虽然起步期会有这样那样的问题，但魔奥从未停止进化的脚步，相信未来也会带给大家更多的惊喜。

## 在线课程的高光时刻

我们发现，俱乐部还是基于各区域机构的教学辐射，魔方发展的速度之快，超过了我们的想象，有没有一种方式，让孩子打开手机，就能学习到专业的魔方课程呢？网络上很多免费的课程，一是年代久远，课程教学手法落后；二是导流机构上传的内容，教学内容质量参差不齐。魔奥联合脑为和未来智谷视频团队，拍摄了王鹰豪老师的魔方精品课，从入门课程到提速和盲拧课程，做到了专业魔方冠军教学的全课程覆盖。从在线课程开设以来，累计在线学习人数超过100万。2018年暑假，和学而思教育合作魔方直播课，报名超过149600人，在直播当天，创造了单课16980人同时在线学习的吉尼斯世界纪录。魔奥推出的王鹰豪老师的魔方课系列，在市场一炮而红，也感谢众多平台的鼎力支持，学而思、大V店、我思教育品牌，平台和内容联手，打造了一个魔方市场的超级爆款。感谢未来智谷视频团队的王琪导演，在团队资源有限、人手紧缺的情况下，打造出了一个全新的魔方课程系列。魔方课的成功，也奠定了脑为团队打造精品内容的信心和持续输出优质内容的决心。

## 魔方大脑跨年盛典，一群人的狂欢刻

这个思路产生于2017年，这个想法启发来自罗辑思维的演讲跨年，当我在上海奔驰梅赛德斯文化中心，感受现场1万人山呼海啸般的思想跨年，听着罗振宇老师的演讲时，我的脑海里萌生了一个新的想法，举办魔方大脑跨年，打造一个属于我们自己人的节日，一年一届，让更多的魔方和脑力圈同仁们参与进来。将这个想法和鹰豪沟通，他也非常兴奋，从来没有人做过的事情，我们来做，开创历史的时刻，你一定要在场。整个2017年，想法都在酝酿，和一些朋友交流，大家觉得主意不错，但是真到关键时刻，大家心里都没底，也可能时机不成熟吧。2018年的10月份，跨年盛典的准备工作启动了，之前

的赞助商选择再等等看，很多事先准备参与魔方大脑跨年的机构老总们，也未见动静，是办还是继续等待呢？魔奥团队经过评估，决定办，咬牙自掏腰包也要办。在整个跨年的准备中，得到了永骏魔方创始人江总的鼎力支持，可以说首届跨年盛典的成功举办，江总功不可没。跨年的节目总设计师由鹰豪担任，姜旭扬等老师全力配合，乔老师担任文案策划，王琪导演担任总导演，就连我们的好友刘总，都被安排了任务，大家都在为首届跨年全力以赴，邓业老师从河北赶过来，公司的王淦老师，甚至晚上累了直接住到了公司。所有的这一切，只为了给魔方人自己的舞台。

在31日跨年当晚，200多位来自全国各地的魔方大脑伙伴，齐聚上海复旦。从北京赶来的联合发起方 WeMedia 传媒集团的康总，从广州赶来的尚忆教育的张海洋老师，从兰州赶来的妇女儿童教育基金会代表慕丽娜慕总，好兄弟李新老总，从厦门赶来的卢龙斌老师，脑为战队总教练苏泽河老师，最强大脑黄胜华老师，刘凯玲老师和梁老师自排的脑力节目，各路魔方冠军李开隆、王旖……直播大 V 四月老师、紫穆老师、夏天老师，到现场站台支持，俱乐部伙伴，魔方粉丝们……从晚上8点到凌晨0点15，4个多小时，气氛热烈，我的嗓子因为感冒失声，主持重担都交给了鹰豪。我的好友杜文轩教授，美幺幺的孙逸松老总，在公益拍卖环节，分别拍出了“天价”，支持公益，支持魔方大脑跨年盛典。跨年当日，正好赶上了江总的生日，在2019年的第一天，全场伙伴一起狂欢，一起吃蛋糕，一起合影迎接新一年的场景，可能在未来很多年，都会深深烙印在脑海中。魔方大脑的未来，就在这群伙伴中，魔奥人，又一次创造了历史。此书付印之际正值第二届魔方大脑跨年盛典，欢迎更多伙伴们能够参与进来，我们也有理由相信，今年会有更多的惊喜等待着大家。

## 一起魔方全国城市联赛低调启航

魔奥俱乐部的会员希望总部给予更多的支持，魔方学员们也期待有属于自己的魔方舞台，之前我们也聊到，WCA 的比赛门槛太高，很多初学者想参加但是成绩差距大，参加不了。魔奥联合魔方冠军，共同发起了世界魔方竞速协会（WCSA)，创办了一项能在家门口参与的比赛，不局限于一个时间参赛，参赛成绩直接计入段位考试，成绩达标，直接晋级年底的总决赛，可以在一年同个赛区或者多个赛区多次报名，以期能为魔方的普及做出贡献。参考了多项赛事的竞技规则优势，最后设定了极具观赏性和参与性的比赛规则，有点类似于足球世界杯。紧张刺激的魔方PK 赛，和传统的魔方记忆等单人比赛不同，两两 PK，逐层晋级，这样的方式能极大地提升比赛的观赏性。能让更多的人一起参与，是我们举办一起魔方赛的初衷。

我们希望通过举办一起魔方赛，让更多的孩子参与魔方、热爱魔方。一起魔方赛，也是打造魔方学习案例最好的舞台。可能大家会问，难道我们自己不可以办比赛吗？当然可以，自娱自乐的也倒简单，但是不持续，主要看把比赛做成什么高度的赛事，专业体系、权威支持、发起团队支持、详细流程指导、科学的晋级赛制、更多人参与认可的赛制体系缺一不可。学员在参加一起魔方赛的同时，达标即可获得魔方段位认证，达到标准，即可晋级参加年底的一起魔方总决赛。8月18日，浙江温州和辽宁大连，一起魔方赛打响了首场战役，反响强烈，报名参赛人数过百。在这里，特别要感谢温州指尖魔方的肖校长，大连爱晨教育姜校长，为一起魔方赛在全国的开展做出的贡献！天津赛区、广东阳江赛区、江苏昆山赛区等也都在积极筹备，也欢迎更多的伙伴们能参与进来，让一起魔方赛在全国开花结果，体现“一起”的真正含义。

## 魔方变化万千，<br>不变的是一起发展

很多俱乐部的伙伴们，想组织比赛，或者招募魔方生源，一是困于招生压力，二是觉得组织成本过高。魔奥在2019年下半年，会通过一起魔方赛展开落地探索，经由多种方式，为赛区降低组织成本，通过直播打赏，现场招募等多种渠道，为赛区带来受益，未来的两三年内，当赛区扩充到一定规模时，完全可以通过赞助商冠名，实现分赛区的全收益。在这个未来的商业模式的领域，魔奥人也要敢为人先，体现一起发展的硬道理。同时，组委会也会联合多家电视台媒体、互联网平台、品牌商，为参赛选手和魔方学员提供展现自我的舞台。在发展的过程中，各地体育局、文旅局，也会给予魔方更多的政策支持，魔方的好戏，真的才刚刚开始。

文字琐碎，魔奥的创业点滴，和大家一起分享，不妥之处，请大家包涵；未来的三年、五年、十年，魔奥人会继续加油，永不放弃永不独行；一起魔方，一起旋转未来，一起玩出伟大！为中国的魔方益智教育赋能，魔奥人一直在路上！

## 魔奥魔方简介

上海魔奥教育科技，2016年成立，由中国魔方全能王、最强大脑魔方冠军王鹰豪，大脑思维训练专家方然共同发起创办。魔奥致力于普及魔方运动，推动中国魔方发展，立志帮助中国的青少年通过魔方学习受益，为各地的魔方教学机构落地服务赋能。

魔奥拥有由多位魔方冠军组成的教学团队，该团队由创始人王鹰豪领军，红牛世锦赛中国单手冠军李开隆、七阶魔方中国冠军苏锴等多位冠军组成，是名副其实的魔方冠军团队，是具有超级魔方基因的教学团队。

成立至今，魔方俱乐部组织超过百家，魔方专业教练有数百人，在线魔方课程学习人数突破百万人次，创造了16980人同时在线的魔方课程学习吉尼斯世界纪录。

小小魔方，大大梦想，魔奥魔方，为中国的魔方益智教育赋能，一起探索未来，玩出伟大！

# 2019世界魔方冠军大师邀请赛暨中国·灵宝魔方文化旅游节回顾

魔方盛宴，文化之旅。2019世界魔方冠军大师邀请赛暨中国·灵宝魔方文化旅游节于国庆节期间，在函谷关景区隆重举行，献礼祖国母亲70华诞。大赛由灵宝市人民政府主办，中共灵宝市委宣传部、灵宝市文广旅局、灵宝市函谷关历史文化旅游区管理处承办，上海魔奥科技、河南通美体育协办。此次活动由政府引导、市场推动，以魔方赛事增强青少年益智教育吸引力，提升文化旅游持续发展的内部动能，创新培育了益智教育这一旅游经济发展的新载体。

1年时间策划、2个月精心准备、5天魔方大赛、12个单项角逐、96个奖项、200款魔方、10余万奖金和全新的赛制，吸引了来自全国15个省市自治区、22座城市的累计521名选手报名，参赛选手最小年龄6岁，最大年龄55岁。

从内蒙古到香港，从上海到西安，参赛者遍布全国。从南美到欧洲，秘鲁、日本、丹麦的国际魔方冠军倾情加盟。20位魔方冠军报名，8位中外魔方冠军代表巅峰对决。凤凰网、搜狐新闻、中国网等40家媒体报道，近百位志愿者，700组家庭魔方粉丝团助阵，百万人次直播观看，此次赛事打造了全民魔方参与的大舞台。“一万魔方老子拼图”，还创造了文化圣贤拼图的吉尼斯世界纪录。

对于参赛者而言，此行既是参与魔方的比拼，更是国际魔方文化的学习交流之旅。黄金之城、苹果之乡、道家之源，函谷雄关，传承智慧启迪未来。益智征程星辰大海，首届世界魔方冠军大师邀请赛暨

中国·灵宝魔方文化旅游节，我们一起盛装起航！

此次大赛得到了国外魔方冠军的鼎力支持。来自南美秘鲁热爱中国文化的弗安奇兰科，喜欢上了灵宝的苹果，还在函谷关景区拍摄了很多老子的照片；日本的伏见有史，喜欢上了灵宝的特色小吃石子馍；来自丹麦的卢卡雪莱，拿到了这次大赛的最高奖金，15岁的少年开心地询问明年是否还有机会参加这样国际化的比赛。

在筹备首届魔方大师赛的过程中，我们得到了很多朋友的支持。来自温州指尖魔方战队的肖雪峰老师，组建了15人的参赛战队，乘飞机到灵宝参赛。来自西安 IM 星学员的张建舜老师，在短短一周的时间，组织36人参赛。来自江苏淮安魔格魔方的邵爱成老师，尽管孩子刚出生不久，为了让学员不错过这比赛，仍坚持带队参加。此外，还要感谢在大赛中给我们支持的战队，他们是：山西运城快乐魔方的郝娟娟老师，内蒙古呼和浩特市的郝忠夏老师，河南魔方高校联盟的张松涛老师，灵宝神童教育的于匆匆老师，安阳乐智魔方的宋皓老师。

在此次比赛中，由中国魔方全能王、魔奥创始人王鹰豪领军的中国战队，以2:1的战绩夺得首届魔方冠军大师邀请赛的团体冠军。 这次大赛还有一项高难度的挑战："一万魔方老子拼图"。该拼图长12米、宽2.8米，由王鹰豪亲自设计。在拼图的过程中，由姜旭扬老师带队，上百位大赛选手和魔友参与其中。户外大赛的魔方拼图内容、难度、参与人数均前所未有，创造了一项新的世界吉尼斯纪录。

这次大赛，涌现了很多成绩优异的小选手。7岁的小魔友张淇隩获得少儿组枫叶魔方冠军，10岁的吴子钰获得少儿组三阶魔方冠军，11岁陈其宇获得少儿组二阶、金字塔和斜转魔方3项冠军。他们是中国魔方界新的希望。

这次大赛，团队成员做出了卓越的贡献，他们是：大赛秘书长姜旭扬，大赛总裁判长吴嘉顺、11位裁判打乱员和30位执行裁判，大赛直播负责人王琦及其直播组伙伴，大赛总务长王淦，大赛顾问傅俊杰、王旆，大赛直播解说洪旭升，大赛接待组方明，志愿者翻译组吴莹、闫金瑞、陈佳丽。同时也要感谢远道而来的参赛选手和魔方粉丝们。因为热爱，所以相聚，才能一起魔方。

这次大赛，搭建了全民魔方参与的大舞台，再次感谢灵宝市政府、灵宝市委宣传部、灵宝市文广旅局、函谷关景区的鼎力支持。第二届世界魔方冠军大师邀请赛，将有哪些冠军参赛，又将有哪些有趣的新点子呢？让我们共同拭目以待！

# 致谢

经过数年准备，我们魔奥团队共同完成了《魔方原来可以这样玩》。这是打造魔方冠军摇篮的重要教学保障，我作为魔奥的创始人之一，在此郑重感谢国内魔方冠军和魔方教研团队的鼎力支持。

感谢魔奥创始人方然老师、三阶魔方世界纪录保持者杜宇生、四阶五阶冠军王旭明、红牛世锦赛单手冠军李开隆、金字塔冠军王旖、七阶冠军黄健乐、七阶冠军苏锴、丹麦冠军卢卡斯……拥有强大魔方训练技术和大量魔方教学解决方案的团队，将训练的实践精华，经过系统总结，潜心研发出了这本魔方学习书籍。魔奥是有魔方冠军基因和气质的团队，更有实力和信心，培养出更多的魔方冠军和魔方大师！

从魔方竞技到魔方教学，到探索魔方运动的发展，鹰豪哥哥从未止步，期待鹰豪老师的新书，成为魔方益智领域的扛鼎佳作。

——《最强大脑》全球脑王　陈智强

最强大脑舞台，魔方墙我找不同，鹰豪是用速拧挑战国内外高手，从未让人失望，这本书也是，推荐大家读完它，打造属于自己的最强大脑！

——《最强大脑》魔方找茬王　郑才千

小魔方，大世界。相信在王鹰豪老师带领下，你能更好领略到魔方世界里的无穷乐趣。

——《最强大脑》超级辨脸王　李威

跟鹰豪老师学魔方，有效训练空间思维能力、记忆力、手眼协调能力，放下手机、拿起魔方、训练大脑！

——尚忆大脑教育创始人　张海洋

这绝对是一本魔方入门必备书，鹰豪老师是魔方全能王，不仅可以手把手带你进入魔方的神奇世界，而且让你在快乐学习中变成最强魔方达人！

——世界脑力锦标赛全球总季军　苏泽河

学魔方，当然看鹰豪。

——世界脑力锦标赛全球总亚军　黄胜华

鹰豪老师是我的偶像，和鹰豪哥哥学习，让我的魔方能够“飞驰人生”！

——电影《飞驰人生》主演　李庆誉

从魔友到冠军，王鹰豪用极致的热爱，将小小魔方玩转出大大的梦想。相信这本书一定能陪伴热爱魔方的小伙伴们快乐学习，一起成长！

——著名主持人　伊一

欣闻鹰豪老师魔方新书出版，图文并茂简单易学，是魔方入门学习必备的一本好书。

——三阶魔方世界纪录保持者　杜宇生

图书在版编目（C I P）数据

魔方原来可以这样玩：最强大脑王鹰豪教你玩魔方 / 王鹰豪，方然，姜旭扬著. -- 武汉：湖北科学技术出版社，2020.1
ISBN 978-7-5706-0814-0

Ⅰ. ①魔… Ⅱ. ①王… Ⅲ. ①幻方－普及读物 Ⅳ. ①O157-49

中国版本图书馆 CIP 数据核字 (2019) 第 273857 号

策划编辑　万冰怡
责任编辑　万冰怡　胡　博
装帧设计　胡　博　梧桐葳
督　　印　刘春尧
责任校对　陈横宇

出版发行　湖北科学技术出版社
地　　址　武汉市雄楚大街268号
　　　　　（湖北出版文化城 B 座13-14层）
邮　　编　430070
电　　话　027-87679464
网　　址　http://www.hbsp.com.cn
印　　刷　武汉市金港彩印有限公司
邮　　编　430023
开　　本　710×1000　1/16　10.5印张
版　　次　2020年1月第1版
　　　　　2020年1月第1次印刷
字　　数　197千字
定　　价　58.00元